空天之眼

王小梅 祝魏玮 主编

浙江教育出版社·杭州

图书在版编目（ＣＩＰ）数据

空天之眼 / 王小梅，祝魏玮主编. -- 杭州 ：浙江
教育出版社，2024.3
ISBN 978-7-5722-7102-1

Ⅰ．①空… Ⅱ．①王… ②祝… Ⅲ．①航天工程－普
及读物 Ⅳ．①V4-49

中国国家版本馆CIP数据核字(2024)第017554号

空天之眼

KONG TIAN ZHI YAN

王小梅 祝魏玮 　主编

责任编辑　高露露　傅美贤
美术编辑　韩　波
责任校对　洪　滔
责任印务　曹雨辰
封面设计　张伯阳
出版发行　浙江教育出版社
　　　　　　（杭州市天目山路40号　　邮编:310013）
图文制作　杭州兴邦电子印务有限公司
印　　刷　浙江新华数码印务有限公司
开　　本　787mm×1092mm　　　1/16
插　　页　3
印　　张　20.25
字　　数　253千字
版　　次　2024年3月第1版
印　　次　2024年3月第1次印刷
标准书号　ISBN 978-7-5722-7102-1
定　　价　88.00元
审 图 号　GS京(2024)0097号

如发现印、装质量问题,影响阅读,请与承印厂联系调换。

电　　话:0571-85155604

目　录

190

第五章
壮美画卷　异彩纷呈

序　言

　　空天信息技术是航空航天科学技术与信息技术相融合,依靠航天、航空及临近空间等平台,实现通信、导航、遥感等信息获取、传输、处理和应用的技术。它与航天、材料、能源等上下游产业领域息息相关,不但在满足国家重大需求方面有举足轻重的地位,而且在服务百姓生活方面也扮演着越来越重要的角色,未来在国民经济和社会发展的各行各业还有巨大的应用潜力。

　　正是为了强化我国在空天信息技术领域的研究力量,中国科学院锚定"四个率先"的目标要求,提出整合相关领域优势研究单位、打造空天信息领域战略科技力量的构想,中国科学院空天信息创新研究院(空天院)在此背景下应运而生。五年间,全体空天人以心系"国家事"、肩扛"国家责"为工作出发点,在空天信息领域科技创新密集发力,推动空天信息体系由"通"至"畅",空天信息力量由"融"促"强",空天信息成果由"点"向"量",尤其在空天信息领域构建出从数学、科学、科技到工程的科技创新布局,实现体系化、建制化科研。凝聚这样的科研力量,实现这样的全链条布局,在空天信息领域为国家提出完整的解决方案,这是一件了不起且值得干的事业。

　　人民不仅是推动科技发展的雄浑动力,也是培养科技发展的深厚土壤,科技的创新和发展离不开国民科学素养的整体提升。世界强国兴衰变迁的历史表明,对科学的正确认识、对创新的不断追求决定了国家、民族的前途命运。我们深刻地认识到习近平总书记关于科技创新与科学普及"两翼理论"的重大意义与深刻内涵，不断强调科技工作者要高度重视科学普及，切实发挥科学普及在培育科学精神、培养科技创新人才、营造社会创新氛围等方面的重要作用。

基于此，我很高兴地看到空天院的科技工作者和管理者能够自觉担负起这个使命和责任，以科学而不失通俗、严谨又平实、特色鲜明又自成体系的叙述方式，向公众介绍我国空天信息领域的科技成果。该书不仅可以达到传播科学知识、营造科学文化、提高公众科学素养的目的，也一定能够吸引更多读者深入了解空天信息技术，并为推动空天信息技术向更深层次、更广领域、更高水平发展，更好服务国家、服务我们的生产生活，促进社会进步和发展提供有力支撑。

本书的编写与出版，也是科技工作者与科研管理工作者、科学传播工作者合作的典范。希望他们以此为起点，推动更多力量积极地"双向奔赴"，推出更多优秀的科学传播作品，为提高我国科技创新能力做出有益的贡献。

中国科学院院士

中国科学院空天信息创新研究院院长

2023 年 11 月

编者序

计划编写这本书，并非偶然，而是近年来一直想做的事。

2018年4月，空天院正式组建，迄今已走过积极探索、开拓奋斗的五年。这五年，空天院充分发挥学科齐全、创新链条完整的独特优势，集中力量开展重大科技攻关，不断取得重大成果、重大突破，打造了一个在国内外有重要影响力的国家级科研机构。作为空天院改革、融合、发展历程的亲历者和见证者，我们很希望将空天信息科技创新体系加以呈现，让更多人走近它、了解它、熟悉它。

本书的编写，得益于中国科学院长期以来在普及性科学传播领域的深度耕耘。2020年8月，空天院与中国科学院官方微信公众号"中科院之声"联合开设"观天测地"专栏。基于该专栏，我们不断思考如何更系统、更全面地推介空天信息领域科技成果，最终针对学科重点和科技发展热点，梳理了空天信息知识体系的主线。"观天测地"专栏，为本书的编写提供了丰富的素材，也是本书的重要基础。"观天测地"还将持续推进，本书的编写也只是一个起点。持之以恒地推进空天信息科技领域的科学传播，将是我们的长久目标。

促使我们坚定执着地编写此书的最直接的动力，是面向公众的科学传播实践。2021年3月，空天院办公室牵头与河北赤城县明德小学联合开设了"科学课堂"，并一直坚持至今。所有授课都来自空天院老师的志愿讲解，课程内容从遥感基础到空天应用、从地图绘制到VR体验、从无人机到浮空器……这几年间，我们目睹孩子们从初见时的紧张、羞涩，到后来的兴奋、雀跃与积极互动，真切感受到了科学传播的力量。因此这本书，要献给所有为科学教育事业默默奉献的科学家、志愿者，更献给所有心怀梦想的青少年。科学教育不是一朝一夕就能完成的，但一节课、一本书，都可能在孩子的心中种下一颗科学的种子。

《空天之眼》从"科学+科普"的视角，展现了以航空航天遥感为代表的空天信息技术从数据获取、接收到处理、应用等链条的内容。全书共五章，第一章"遥感载荷　明察秋毫"选取当前主要的遥感载荷类型，介绍其工作机理、特色优势及典型应用等；第二章"观测平台　顶天立地"介绍多样化的空天信息平台及其面向不同需求所发挥的重要作用；第三章"数据链路　环环相扣"介绍空天信息数据获取、定标、处理与真实性检验等主要流程；第四章"空天应用　百花齐放"通过若干行业应用典型案例，描述空天信息在国民经济社会发展中的广泛应用；最后一章"壮美画卷　异彩纷呈"优选了系列精美遥感影像，带读者领略中华大地雄浑壮美的自然景观，观察山河的时空变迁，感受日新月异的经济社会发展。

在编写过程中，每位撰稿人都付出了辛勤的劳动。他们各自都承担着繁重的科研与管理工作，但无一例外地对编写工作给予了积极响应。本书还得到了空天院多位专家的大力支持，无论最初策划还是协助审稿，他们都从专业角度提出了诸多建设性的意见与建议。

也有遗憾和不足：由于篇幅问题，无法将更多成果和应用一一纳入；初次尝试，错误和疏漏在所难免，需要读者的批评指正。我们同时也相信，科技在进步，阐释科学知识、记录科研活动、讲述科学故事也是一项需要持续进步并创新的工作。真心希望本书能为读者带来新的体验，我们将不断思考、探索，期待未来产出更多优秀作品。

《空天之眼》编辑委员会

2023 年 8 月

图 1-1 上海市滴水湖光学卫星遥感图像（图／王桂周）
（数据源：高分七号卫星　成像时间：2021年8月28日）

第一章

遥感载荷 明察秋毫

遥感载荷，又称遥感器，是『空天之眼』核心所在。这些载荷因机理不同而各有特色、各怀绝技，共同精准遥看地球上的风云变幻。

可见光：所见即所得的空中相机

刘良云

　　未必人人熟悉可见光遥感,但很多人都使用过相机,可以拍照的手机更是几乎人人都有。可见光遥感的原理与人眼看东西、手机拍照相似,都是"所见即所得",因此可以看作人眼更高精度的"替身",或者说"空中相机"。即便没有学过遥感专业的普通公众,也能快速认知和理解这种遥感图像。

可见光遥感,比人眼看得更高、更远

　　所有的光都是电磁辐射,我们能看到的只是其中的一小部分,称为可见光。可见光遥感一般是指遥感器工作波段在380～760纳米区间内的遥感技术。

　　可见光遥感可以让我们看得更高、更远,它是历史最悠久、发展最迅速、科学应用成果最丰富的遥感技术。我们无论是登上高山远望,还是将相机捆绑在飞翔的信鸽上,或是乘坐热气球照相,或是利用航空和卫星遥感,目的都是实现"登高望远"这一人类探究地形地貌的初心。一旦把功能强大的可见光遥感器装载在卫星等平台上,人类就可以实现"巡天遥看一千河"的愿望。

　　目前,可见光仍然是遥感技术所采用的重要波段。在遥感发展初期,人们正是凭借肉眼观察现实世界所获得的经验,通过图像处理技术从遥感图像中提取信息。即使是在遥感数据呈爆炸式增长、计算机技术蓬勃发展的现在,这种"目视"解译和人工判读也仍广泛使用。

物体反射的光线进入人眼，使人能够看到它们。可见光遥感观测的是地表反射的光线，所以当遇到降水、多云等天气时，可见光遥感由于无法得到地表反射的光信息而难以应用。

高空间分辨率，比人眼看得更宽广、更精细

可见光图像最突出的特点为高空间分辨率。空间分辨率是指遥感器能够分辨的最小目标地物大小，即遥感图像上一个像素所对应的地面范围。空间分辨率为1米的图像上，每个像素就是地面的1平方米区域。空间分辨率反映的是体现目标结构细节的能力，空间分辨率越高就意味着遥感图像能显示的细节特征越多，遥感器的物体识别能力就越强。达到更高的空间分辨率一直是可见光遥感技术发展的主要方向。

体现遥感空间获取能力的另一个指标为幅宽，即遥感器单次成像时的地表覆盖宽度，这往往与空间分辨率相冲突。一般来说，大幅宽的图像空间分辨率会比较低。简单来说，就是看到的范围很大时，看到的细节就会少一些。

因此，应用可见光遥感时一般会根据实际需求来进行数据选择，而不是只考虑空间分辨率的高低。空间分辨率为几千米的低分辨率卫星，一次成像范围通常可覆盖地面几千千米的宽度，往往应用于全球性的气候和环境变化研究；空间分辨率为几十至几百米的中分辨率卫星，则可以用于资源监测、农作物估产等；空间分辨率为几米乃至亚米级的高分辨率卫星可以"看清"一辆车甚至一棵树，军事侦察、城乡规划、督察执法等任务往往需要这类卫星数据。

空中相机，获取地物信息的利器

可见光遥感用来获取地物信息的遥感器一般是大口径、长焦距的高分辨率相机，相当于太空中的巨型单反相机，主要由光学系统、探测器、存储器、处理器等组成。其中，光学系统收集来自目标地物的电磁波能量，最基本的收集元件有透镜、反射镜等，就是我们相机中的"镜头"；探测器将收集的光信号转化成电信号，常用的探测器件包括电荷耦合器件（CCD）、互补金属氧化物半导体（CMOS）等；处理器将探测后的信号进行模数转换、电子放大等处理，最终输出到存储单元。

上述各组成单元中，光学系统是核心部分，其性能决定了遥感探测能力。《望岳》中"荡胸生曾云，决眦入归鸟"描述了唐代诗人杜甫想把黄昏归林的鸟儿看清楚，需要把眼睛瞪得大大的，尽量收集更多光。光学镜头的口径越大，光收集能力就越强，所以为实现对目标更高空间分辨率的观测，需要增大相机镜头口径。2022年，美国能源部SLAC国家加速器实验室启用了全球最大的数码相机——大口径全景巡天望远镜（LSST），该望远镜分辨率高达32亿像素，大约相当于266部1200万像素的手机，将在未来帮助科学家们探究数十亿个星系的奥秘。

美国麦克萨技术公司（Maxar）于2014年发射世界观测-3高分辨率商业卫星（WorldView-3），该卫星遥感器的全色数据分辨率达到0.3米，是在轨民用卫星中空间分辨率最高的，若辅以其公司的产品，空间分辨率可进一步提升到0.15米。

陆地观测系列卫星（Landsat）是美国对地观测体系内主要的中分辨率光学遥感系统，可用于自然资源调查、生态环境监测、灾害监测等。最早的陆地卫星1号（Landsat-1）发射于1972年，当前正在运行的陆地卫星8号（Landsat-8）和陆地卫星9号（Landsat-9）两颗卫星具备超强的辐射分辨能力，获取的遥感图像不仅可以清晰识别云朵投射在黑暗海面上的阴影,还可以观测到钻探油井和船舶在海面上的溢油痕迹。

哨兵 2 号卫星(Sentinel-2A/B)是欧洲空间局哥白尼计划系列卫星的组成部分,分别于 2015 年和 2017 年发射,可见光波段空间分辨率为 10 米,主要用于精细化的陆地观测,如农作物估产、植被制图、海岸带和内陆水体监测、灾害评估等。

我国"高分专项"规划的高分辨率对地观测系列卫星,目前已发展到高分十四号卫星,其中多颗卫星为可见光遥感卫星,可为生态环境监测、农业农村管理、灾害应急响应、自然资源调查等领域提供更精准的信息。

高光谱：识别物质的身份证

高连如　张文娟

在电影《地雷战》中有一个情景:民兵埋地雷时,用树枝对埋藏地雷的地方进行掩盖;还有的干脆把鞋脱了,轻轻地压一个鞋印,以迷惑敌人。如今,这种伪装已经失效了,高光谱遥感技术能将一个个地雷精确地找到。

图谱合一,物质的身份证

高光谱遥感是"高光谱分辨率遥感"的简称,是自20世纪80年代以来遥感技术发展的重要里程碑。

遥感器接收的每个波段数据是一定通道范围内的信息叠加结果。光谱分辨率是表征这个通道宽度的重要指标,波段范围相同时,通常光谱分辨率越高,遥感器的波段数越多。在可见短波红外范围(400～2500纳米)内,多光谱遥感只有几个或十几个波段,而高光谱遥感器能在连续的几十个甚至几百个光谱通道内获取地物辐射信息,从而使每个像元都可提取到一条连续的光谱曲线。

各类地物的光谱曲线特性,类似于人类的指纹,是高光谱遥感用以识别和分析不同物质特征的一种重要的"身份证"信息。如果说通过光学成像能看到物质的形状、尺寸等信息,光谱分析则能剖析物质的成分信息,从而助力科研人员练就一双"火眼金睛"。

与传统图像相比,高光谱图像最突出的特点是集目标的空间影像和光谱信息于一身,即"图谱合一",空间上的每个像元都能提取一条包含地物诊断性光谱特征的连续光谱曲线。因此,与早期彩色和多光谱遥感不同,它并不基于颜色和形状,而主要根据光谱曲线特征识别目标及分析目标状态。对于用肉眼甚至多光谱遥感不能识别的地面物体,高光谱遥感都能够很好地分辨出其内在的物理、化学特性,甚至是物质的分子和原子结构。

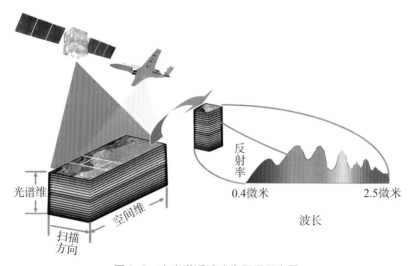

图 1-2　高光谱遥感成像原理示意图

高光谱遥感器是可以同步获取目标空间影像和光谱曲线,形成高光谱图像立方体数据的载荷设备。地物反射光与大气作用后的入瞳辐亮度进入遥感器后,首先通过前置光学系统与光谱分光器件,此时入射光被分解成许多个波长不同的光线,高中物理中的棱镜就是典型的色散分光器件。这些光被不同的光电探测单元接收并转换成电信号,也就是光电转换,然后通过模数转换记录成为遥感器获取到的原始数字(DN)信号。

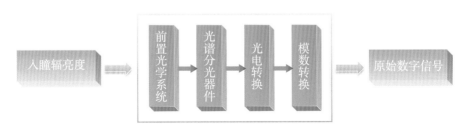

图1-3　高光谱遥感器的主要成像过程

　　高光谱遥感器将传统的二维成像遥感技术和光谱技术有机结合,其主要功能是在对地物目标空间成像的同时获取该目标的连续光谱信息,因此高光谱遥感器通常又被称为成像光谱仪,既要空间成像也要光谱分光。目前高光谱遥感器存在多种空间成像方式,包括摆扫式、推扫式、框幅式、窗扫式等;光谱分光方法主要包括色散型、干涉型及滤光型。高光谱遥感器的空间成像模式与光谱分光方法互相影响,其各类组合形成的多种成像光谱仪适用于各类场景。

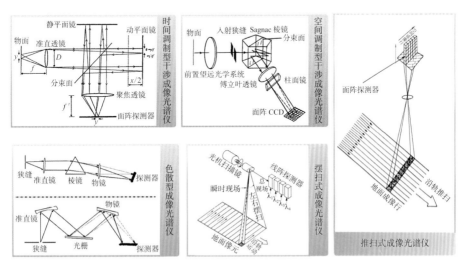

图1-4　适用于各类应用场景的成像光谱仪

精准洞察内在，应用领域广泛

基于高光谱图像进行地物识别是其重要研究方向之一，相关应用涵盖诸多领域。高光谱地物识别在矿产勘查、大气成分探测、植被生长监测、战场目标侦察、地雷探测、目标反伪装等方面表现出良好性能和独特优势。发展基于高光谱图像的地物识别，以满足民生工程及国防安全建设等领域对该技术的需求，具有非常重要的意义。

地雷是如何被高光谱遥感技术轻易发现的？这主要是因为土壤在被挖开再填回去的过程中，结构、水分都发生了改变，高光谱遥感技术就是根据这种细微的土质变化，发现地雷的藏身处。在阿富汗战争期间，美军曾利用高光谱遥感设备探测塔利班武装晚间主要的行经路线。高光谱遥感技术还可以发现隐蔽的哨所、坦克以及伪装起来的军事设施。

图1-5　高光谱地物识别的主要应用

农业的生产管理需要对作物营养、病虫害等农情信息进行大范围快速监测，监测精度能有效支撑肥、水、药精准的定量管理，而定性监测存在不确定性和模糊性等缺陷。高光谱遥感技术弥补了这一不足，可以对农作物的品种、种植面积等情况进行调查，甚至可以对农作物的叶绿素、氮、磷、钾含量进行分析，为相关决策提供科学依据。

高光谱遥感在水质监测领域有广阔前景，可以开展水华和水生高等植物的监测识别，也可以对不同污染程度的黑臭水体进行区分，从而实现水质分布情况精细监测，这也是高光谱遥感的重要应用领域。

高光谱技术还逐渐渗透到更多的行业，在医学、生物、刑侦、考古、文物保护等领域开展了广泛的探索性应用。2006年，中国科学院团队成功研制了国内首套摆扫式地面成像光谱仪，并与故宫博物院等单位合作，在古画、唐卡、壁画、墨书等文物的识别和鉴别方面取得了开创性成果。光谱分析技术与智能手机的融合则打开了面向普通民众的高光谱应用新方向。借助于嵌入智能手机的光谱仪，人们可以随时随地用手机快速检测果蔬农药残留和食品品质安全等信息。

特色技术，发展前景不可限量

从实验室到太空、从微观到宏观、从重大项目到日常普及，自20世纪80年代起，高光谱遥感相关研究逐渐形成了一个颇具特色的前沿领域。我国高光谱遥感的起步和发展基本与国际同步，在开创初期，中国科学院院士童庆禧、薛永祺为此做出了重大贡献。

1989年，中国科学院研制了我国第一台模块化航空成像光谱仪，在20世纪90年代又陆续研发了推扫式成像光谱仪、新型模块化成像光谱仪、轻型高稳定度干涉成像光谱仪等。2002年，"神舟三号"搭载了我国第一台航天成像光谱仪，此后我国发射的"嫦娥一号"探月卫星、环境与灾害监测小卫星星座、高分五号卫星等都搭载了航天成像光谱仪。

我国的高光谱遥感科技发展一直处于国际前列,相关成果在国际上产生了重大影响。其中,由我国科研人员自主研发的高光谱图像处理与分析通用软件系统被国际同行评为国际六大顶尖高光谱图像处理软件之一。目前,我国已在高光谱遥感技术及应用方面逐渐形成了稳定的研究方向和学科领域,拥有一支研究领域涵盖技术发展到推广应用的专业科研队伍。

热红外：让温度看得到

杜永明　张颖

温度是衡量物体冷热的指标,通常只能通过触碰的方式感知,眼睛是"看"不到的。但是有些动物可以通过非碰触的方式"看"到温度,例如响尾蛇。

从黑体辐射到普朗克公式,开启红外温度计算

在实现用"无接触"的手段感知物体温度这个目标之前,人类物理学经历了一段曲折的发展历史,即黑体辐射问题的研究。这也是广为流传的物理学上空的"两朵乌云"之一。

所谓黑体,指的是可以吸收全部外来的辐射而不进行反射或者透射的理想物体。19世纪末,历经多个科学家努力探索黑体辐射实验而无果后,作为公认的近代物理学的开拓者之一,德国物理学家普朗克从1896年开始对热辐射进行系统研究,最终给出了黑体辐射的普朗克公式,圆满地解释了黑体辐射实验现象,更精确地描述了辐射、温度和波长的关系。普朗克理论从此被广泛应用于红外温度计算中。

普朗克公式表明:任何温度高于绝对零度(0K,即-273.15℃)的物体,都会发射电磁波。红外辐射和我们眼睛能看到的可见光都是电磁辐射信息,只是红外辐射的波长远长于可见光。从普朗克公式可以推导出"极值波长=2897.8(μm·K)/绝对温

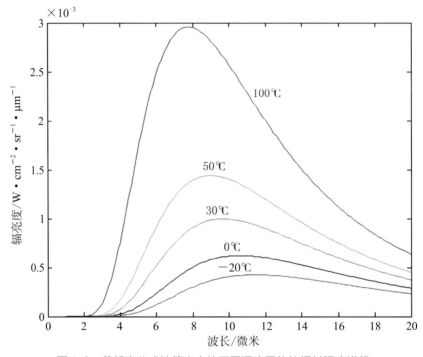

图 1-6　普朗克公式计算出来的不同温度黑体的辐射强度谱线

度（K）"的维恩位移定律。简单地说，就是温度越高的物体，发射的电磁波中心波长越短。太阳的表面温度大概是6000K，它发出的电磁辐射中心波长在0.5微米左右，这个波段的光肉眼可见；地球表面平均温度在300K左右，它发射的电磁辐射波长约为8～12微米，集中在红外波段。

目标自发辐射，测物具备极强隐蔽性

回到响尾蛇的故事。响尾蛇的眼睛和鼻孔之间有一种叫作"热敏器"的器官，该器官可以探测到周围物体发出的红外辐射，并将其转化为神经信号传输到大脑中进行处理,这使得响尾蛇能够在黑暗中定位猎物,或者在白天找到潜藏在草丛中的猎物。

和响尾蛇感知温度的方式相似,使用红外辐射探测装置通过非接触的方式获取目标温度的技术,就是红外遥感。利用红外遥感,人类不需要直接接触,就能用眼睛"看"到温度。由于红外遥感"看"到的是目标物自身发射的电磁辐射,不需要外在光源辅助,因此可以实现夜间观测。与雷达或者激光等主动光源相比,探测目标的自发辐射具有极强的隐蔽性,因此红外遥感被广泛应用于军事、医疗、气象、环境监测等领域。

在军事领域,红外遥感技术可以通过热异常侦测敌方的隐蔽目标,识别和追踪导弹等。在工业领域,红外遥感可用于测量设备表面温度,帮助工程师检测设备的运行状态,识别可能存在的故障点。在医学领域,红外测温技术可以用于测量体表温度,检测人体发热症状,帮助医生进行病情诊断。在农业领域,红外遥感可用于测量土地表面温度和作物温度,分析作物生长状态和水分利用情况。在环境监测领域,红外遥感可用于测量地表温度,帮助科学家了解气候变化、海洋环境和陆地表面的变化情况等。在野生动物保护领域,研究人员经常用红外相机来捕捉珍稀野生动物的踪迹。

这些探测装置可以让人眼直接"看"到温度,与响尾蛇定位猎物的方式相似。以测温仪为例,首先通过光学系统收集来自目标的红外辐射;之后,通过红外探测器将接收到的红外辐射转换为电信号;电信号在经过一系列的放大、滤波等信号处理过程后,形成影像数据传输至显示器,最终呈现出与物体表面温度分布相对应的热红外图像。

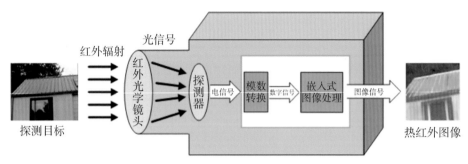

图1-7 热红外成像基本过程

红外遥感校正，确保更精准

红外遥感技术有许多优点，如快速、高精度、非接触等，但也存在一些局限性，尤其是测量结果受到环境温度、物体表面的反射率、遮挡物等因素的影响，需要根据具体情况进行校正。

以大气校正技术为例。将红外探测设备安装在卫星上用来观测地球时，卫星在几百千米的高度飞行，与地球表面隔着厚厚的大气层。在卫星设计的时候，通常选择大气透过率较高的波段，这些波段被称为大气窗口。但即使在大气窗口波段，大气的透过率依然不是100%，大气中的水分子、臭氧分子等成分对红外辐射有吸收作用，因此仪器测量的红外辐射会被大气衰减，而且，随着大气水汽和其他气体浓度的变化，这个透过率也会发生变化。

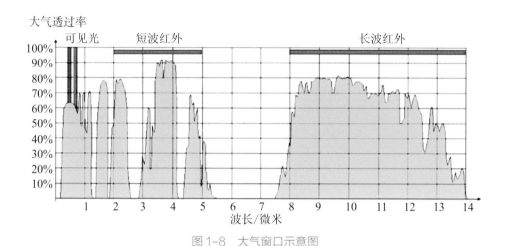

图 1-8　大气窗口示意图

　　为了消除大气对红外辐射的影响,科研人员提出了红外温度反演中的大气校正技术以提高精度。其中,一种特殊的算法被发明,即利用相邻的两个观测波段之间大气吸收的相关性,通过组合多个通道的观测结果实现大气自动校正。算法的基本思路是:大气透过率与10～12微米范围内的两个相邻波段的透过率之差相关,而透过率差异与两个波段的亮度温度差异相关。因此,使用两个波段亮度温度的线性组合,就可以实现大气校正。这个算法需要在10～12微米连续的大气窗口中选取两个窗口(波段),所以叫作分裂窗算法。

　　发展到今天,卫星平台红外遥感测量海面温度的精度可以达到0.3K,陆面温度的精度也可以达到2K。人类的眼睛虽然不能像响尾蛇那样直接"看"到温度,但借助科学技术的发展,我们可以更准确地把握更大区域的温度以及更精彩的世界。

空天之眼

微光夜视：黑夜里的画像师

吕群波　王建威

在现代军事题材的影视剧中，经常有夜间作战行动的镜头。画面中，战士们通过特殊的设备可以在漆黑环境中看清周围场景，这种设备通常被称为微光夜视仪。

早期微光夜视技术实现难度大，成本昂贵，而且成像距离有限，因此当时的微光夜视仪主要用于近距离军事作战。随着技术的发展，微光夜视技术逐步从军事应用拓展至民用领域，成像距离也从近程拓展到中远程，甚至应用到卫星上。

微光夜视，刺穿夜幕的成像利器

微光是对月光、星光、大气辉光、城市灯光等夜晚环境下微弱光照度的统称，其中光照度用于描述物体被照明的程度。在夜间，由于光照度太低，人类的眼睛对自然界的感知能力受到极大限制。为了突破黑夜的限制，人们想出了各种办法，其中主要分为主动照明和被动增强两大类。主动照明是人们较早想到的容易实现的方法，古代常用火把、灯笼照明，现代则主要依靠电气照明；被动增强则是近代才出现的一种技术，微光夜视成像就是一种被动增强技术。

传统的微光夜视技术指利用夜间的月光、星光、大气辉光、银河光等自然界的夜天光作为照明光，借助图像增强器把地物反射回来的微弱光增强并转换为可见光图像,以实现夜间成像的技术。

在微光夜视技术中,图像增强器是核心器件,该技术利用图像增强器将夜间微弱的自然光增强几千倍至几万倍。当微弱光通过镜头进入夜视仪后,首先到达光电阴极元件,光电阴极是根据外光电效应制成的光电发射材料,当光照射光电阴极后,就会产生电子"飞出来"。在电场的作用下,电子继续"往前走",到达第二个关键元件,这一元件叫作微通道板,上面均匀分布着很多小通道。微通道板是一个神奇的元件,经光电阴极转换的电子进入后会和通道壁碰撞,每次碰撞都能撞出更多的电子,新的电子继续向前碰撞,一个电子进入通道,最终会有成千上万个电子出来,于是信号大幅增强。

增强后的电子到达荧光屏,激发可见光被人眼接收,从而使人眼能够进行正常观察。人眼对黄绿波长的光最敏感,因此这种颜色的荧光屏常常被应用于微光夜视仪。荧光屏所产生的颜色取决于所采用的荧光物质,当荧光屏采用硫化锌时,呈现黄绿色;当采用白磷时,则呈现白偏蓝色。

彩色成像,让夜视更真实

前面所述的是传统意义上的微光夜视技术。随着技术不断进步,现在的微光夜视技术除采用不同的光电增强方法外,也采用计算机软件增强方法。目前,根据采用的核心器件不同,微光夜视技术可以分为两大类,一类是基于图像增强器的微光夜视技术,另一类是基于低照度固态传感器的微光夜视技术。

在图像增强器方面,目前已经先后经历微光零代、一代、二代、超二代、三代、高性能三代和四代等多个发展阶段,对应的微光夜视技术也同步经历多代发展,成像性能也不断提升。

传统的微光夜视仪通常采用人眼直接观看的方式,无法保存图像用于后续回看和分析。随着器件和工艺技术的发展,增强电荷耦合器件(ICCD)开始出现,研发人员通过在图像增强器的荧光屏后面耦合一个面阵电荷耦合器件(CCD),将荧光屏上的发光图案转换为数字图像,从而进行图像存储和后续处理。但通常情况下,它仍然是单色成像的,具有一定的应用局限性。

随着传感器性能水平的不断提升,高灵敏度、低噪声的CCD和互补金属氧化物半导体(CMOS)固态传感器开始应用于微光夜视设备。由于固态传感器可以实现彩色成像,微光夜视技术可以在夜间获得类似于白天的彩色成像效果,这也被称为五代微光夜视技术。

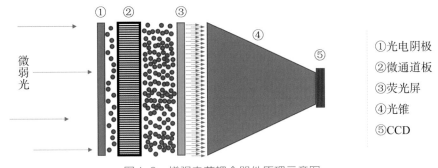

图1-9　增强电荷耦合器件原理示意图

基于低照度固态传感器的微光夜视技术最大的优点是可以实现彩色成像,同时可以结合计算软件方法实现图像的进一步增强,夜间的成像能力大幅提升。由于采用的固态传感器性能存在差异,不同的微光夜视仪所能实现的能力存在差距,应用领域也有所区别。下图给出了两种不同性能微光夜视仪成像结果对比,左图是某商业星光相机拍摄的结果,右图是高性能微光相机拍摄的结果。除了地面应用外,基于固态传感器的微光夜视技术也被应用于卫星遥感,如珞珈一号卫星和可持续发展科学卫星1号均具备了夜光成像能力。

图1-10 相同夜间环境下不同微光夜视仪(左为某商业星光相机、右为高性能微光相机)的成像结果

微光夜视,让夜间行动更便捷

微光夜视技术只需借助自然光即可实现夜视效果,可以适应不同环境,具有更高的适应性。同时,相较于红外夜间成像结果,微光夜视仪器的图像更容易辨识。

不过,该技术特别容易受到周边环境的干扰,在遇到强光时无法进行观测。微光夜视仪器观测的动态范围有限,当黑暗场景中存在强光目标(如灯光)时,强光目标区域周围容易产生饱和现象,而在低光照区域则比较暗弱;特别是当强光直接照射仪器时会产生全饱和现象,人眼利用传统的夜视仪器直接观察时容易产生眩晕的感觉。

虽然有这样的局限性,但微光夜视技术大大提升了人眼夜间对周围环境的感知能力,可以为夜间活动提供有效帮助。

一是军事国防方面。微光夜视技术是军事国防领域应用最成功的技术之一,可用于夜间军事侦察、战场环境监视等,还可用于边境巡逻、警戒任务和反恐行动等安全领域的夜间活动。

二是夜间应急处突方面。常用于夜间执法行动,如夜间巡逻、搜索和搜捕行动。此外,对于一些夜间突发事件的应急处置,如夜间灾难救援,也可以提供有效保障。

三是户外活动方面。对于登山、探险以及其他户外活动,可以在黑暗或有限照明的环境中提供成像支持,辅助识别路径、障碍物,并辅助人眼辨别潜在危险。

四是运输导航方面。可以用于车辆和船只等夜间导航与驾驶,尤其是在微光环境下,可以提供比直接目视更清晰的图像,帮助驾驶员排除驾驶安全隐患,降低事故风险。

总之,微光夜视技术在许多领域都发挥着重要作用,辅助增强了人眼的夜间视觉能力,为夜间活动的安全性和效率提供了有效的信息支撑。

激光雷达：感知三维世界的眼睛

习晓环　王成　杨学博

"激光"来自英文"laser"。1916年，爱因斯坦发现了激光的原理——原子受激辐射的光，即原子中的电子吸收能量后从低能级跃迁到高能级（受激吸收）、再从高能级回落到低能级时所释放的能量以放大了的形式发出（受激辐射），被放大的光即激光。1964年，按照科学家钱学森的建议，我国将"受激辐射放大"更名为"激光"。

激光自"问世"以来，被称为"最快的刀""最准的尺""最亮的光"，应用极为广泛。本文主要介绍被广泛应用于测绘领域的激光雷达。

获取目标三维信息的有效手段

激光雷达，简称LiDAR，即激光探测与测距，是当前直接快速获取地物目标三维空间信息最有效的手段之一。

激光雷达工作原理简单，即激光器向目标物发射一束很窄的激光脉冲，脉冲在地物表面被反射后由接收器接收，系统通过记录激光脉冲从发射到返回的时间间隔（t）计算激光器和目标之间的距离（R），$R = \frac{1}{2}ct$（c为光在空气中的传播速度）。利用距离（R）和扫描角，结合激光雷达系统的位置和姿态数据，即可计算得到被测目标及周围地物在地理空间参考体系下的三维坐标。这些带有坐标(x, y, z)的点在三维空间呈离散分布,人们形象地将其称为"点云"。这些"点云"在三维显示、量测、建模等方面应用广泛。

图1-11　机载激光雷达获取的原始点云(颜色表示不同高度)

激光雷达种类多,按照搭载平台的差异可分为星载、机载和地面激光雷达。星载主要以卫星、航天飞机、空间站等为平台,观测范围和应用尺度广,如美国冰、云和陆地高程卫星(ICESat),我国的陆地生态系统碳监测卫星"句芒号";机载主要以固定翼飞机、直升机、无人机等为平台,适合长距离线状地物三维信息获取;地面平台包括三脚架、车载、背包以及船载等,获取数据全面、方式灵活。

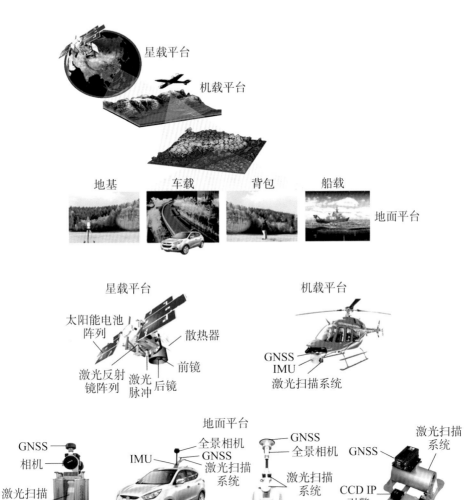

图1-12　不同搭载平台的激光雷达系统及其组成

按照探测与记录方式可将激光雷达分为离散点云、全波形和光子计数激光雷达。离散点云及其应用最为普遍，如建筑物、遗产的数字化与三维重建等。全波形即对回波进行连续采样，可获取目标完整的垂直剖面信息，适用于林业调查。光子计数不同于前两者，采用微脉冲激光器和高灵敏度光子探测器，将回波信号计数为光子点，优点是利用较低的激光能量获取远距离空间目标信息，如在轨的ICESat-2/ATLAS。

此外，激光雷达还可以按照测距模式分为脉冲式和相位式激光雷达，按照光斑大小分为大光斑和小光斑激光雷达等。

主动、快速、穿透性强等特点带来的广泛应用

相对于被动光学遥感，激光雷达主动发射激光脉冲，可在夜间工作，这是其重要优势之一。此外，它可以直接快速获取三维信息，例如高频率激光脉冲和蓝绿激光的穿透性可使其获取林下和水下地形信息。

激光雷达的应用非常广泛，除基础测绘是其最基本的应用外，在林业调查、无人驾驶、室内建模、数字城市、电力巡检、交通选线、文化遗产保护、矿山监测，以及极地冰盖、海洋、月球和火星表面测绘中，都有激光雷达的身影。

在林业调查方面，激光雷达可以获取植被树冠高密度点云，而高频率激光脉冲还可以穿透植被冠层到达地面，不仅可获取精细的冠层垂直结构信息，还可得到林下地形信息，进而提取树高、冠幅、叶面积指数、生物量等数据，为森林碳汇模型提供重要输入。

在数字城市方面，机载、车载激光雷达可快速获取城市中各种构筑物及其周围环境完整的三维点云数据，构建的三维数字模型可置于网络中，实现数字化管理及交互呈现，让用户有沉浸式体验，这也是当前"实景三维中国建设"的重要

内容。

激光雷达可在电网的线路设计、电力设施数字化、危险点检测与预警分析、变电站数字化与管理等方面发挥作用。如线路安全巡检中,基于三维点云的激光雷达可精确探测电力线、电力塔的空间位置及其与线下地面、植被的空间距离,进行电力线与地物、电力线档距、线下植被的安全距离分析,还可结合杆塔上的温度、风速等数据,模拟不同工况下电力线弧垂变化等。

激光雷达已成为文化遗产数字化与保护的重要工具。应用内容包括构建三维数字模型,进行数字化展示与保存;对考古现场进行数字化记录,对出土文物进行量测和数字修复;在密林和近海岸水下考古中获取林下、水下精细地形信息,结合历史资料分析古遗址、古环境等。

图1-13 柬埔寨吴哥窟茶胶寺(局部)原始点云(左)和三维数字模型(右)

激光雷达还可用于极地冰盖/高原冰川高度及消融变化监测、高铁/地铁轨道形变监测、农作物长势和估算产量、交通事故数字化记录等。有"冰丝带""最快的冰"和"最平的冰"之称的国家速滑馆,即采用了精度优于2毫米的高精度三维激光扫描技术辅助冰场地下制冰排管的精确安装。

研制大爆发,未来趋向更高性能、更轻小型化

当前,商业化激光雷达系统研制已进入爆发期,各种性能优良的激光雷达呈百花齐放的态势。总体来说,激光雷达系统趋向于高性能、低成本、轻小型化,具有更高的测距精度、更大的扫描范围、更高的扫描频率、更窄的光束发散角和更远的测量距离等优势。

在数据处理方面,多平台(星机地)、多模态(点云、波形、光子)激光雷达系统为多行业应用提供了多源、海量三维数据,这些数据各具特点、优势互补。同时,实际应用中多源数据配准和定量应用一直是难点,先进的人工智能、深度学习等方法亟待发展,从而为激光雷达大数据的处理和应用提供支持。

被动微波：听雨听风 听万物生

赵天杰 张家琦

万物皆有微波辐射信号，这些信号就像交响乐，是大自然以独特方式演奏的生命之歌。而被动微波遥感技术就是大自然的"顺风耳"，自然界的一切声音表达都会传入到这只"耳朵"中，让我们感受到自然力量的律动。

微波遥感中的介电常数：大自然的音符

微波的频率在300兆赫～300吉赫之间，波长在1毫米～1米之间，是米波、分米波、厘米波、毫米波与亚毫米波的统称。介电常数是微波遥感中决定物质和电磁波相互作用的物理量，它反映了物质对电磁波的吸收、散射和传导能力。介电常数越高，意味着物质对微波信号的阻碍程度越大，微波信号在物质中传播时会发生的衰减越明显。相反，介电常数较低的物质则能较好地传导微波信号。在微波遥感中，介电常数对于微波辐射与地球表面和大气相互作用的过程至关重要。

被动微波遥感就是通过接收和分析这些不同频率的微波信号，呈现并传递地球表面的特征和属性。不同的物质具有不同的介电常数，例如空气的相对介电常数约为1，冰的相对介电常数为3～6，水的相对介电常数约为80。地表各种物质的组合也会产生不同的介电特性，例如不同含水量土壤的介电常数存在显著差异。不同地物的介电特性及其形态分布都会对微波辐射过程产生影响。

微波辐射计：大自然的倾听者

微波辐射计是一种用于测量微波辐射强度并确定物体辐射特性的科学仪器，如同人类的耳朵，它通过收集"声音"来感知地球的特征与变化。常见的微波辐射计由天线、接收器、检测器、信号处理器以及数据记录和显示系统组成。

其中，天线用于接收来自大气或地面的微波辐射信号，其设计和性能对于接收信号的灵敏度与方向性具有重要影响。接收器是微波辐射计的核心部分，通常包括低噪声放大器和其他电子元件，用于接收和放大来自天线的微波辐射信号。检测器用于将接收到的微波辐射信号转换为电信号，以便进一步处理和记录。信号处理系统用于对接收到的微波辐射信号进行滤波、放大、频率转换等处理，以便提高信号质量并提取所需的信息。微波辐射计通常也具有数据记录和显示功能，可以将测量到的微波辐射信号以数字或图形形式显示出来，方便研究人员对微波辐射进行分析和解释。

星载微波辐射计：微波耳聆逍遥行

相比可见光、热红外，微波的波长更长、信号更弱，因此安装在卫星上的星载微波辐射计空间分辨率通常较低，往往只有几千米至几十千米，但一般具有较强的空间覆盖能力（即幅宽大），能够在2～3天内实现全球覆盖。因为空气的介电常数很小，所以微波遥感具有很强的大气透过能力，使得微波辐射计具备全天候、全天时、针对全球范围的观测能力。

微波辐射的星载观测已历经50年发展，首次观测开始于1973年，美国太空实验室（Skylab）搭载S-194被动微波辐射计开展了L波段观测，但仅获得了9轨数据。随后，美国云雨7号卫星（Nimbus-7）搭载SMMR遥感器进行了多频段微波

辐射观测，直到1987年终止。之后，美国国防气象卫星（DMSP）系列上搭载的
SSM/I、SSMIS遥感器进行了长达30多年的持续观测。1997年的热带降雨测量任
务卫星（TRMM）搭载的TMI微波成像仪主要用于降水的测量。进入21世纪以
后，随着被动微波数据的广泛应用，各国开始争相发展各种星载计划，数据获取
方式不再局限于传统的多频段真实孔径辐射计，开始向对地表土壤水分和海洋
盐度具有更高敏感性的L波段发展，出现了第一颗采用综合孔径技术获取地表
微波辐射的欧空局（ESA）土壤水分和海洋盐度卫星（SMOS），同时也开始发展主
被动协同观测的星载遥感器，如美国的水瓶座盐度卫星（Aquarius/SAC-D）和土
壤水分主被动探测计划（SMAP），以期获得更高的地面空间分辨率或者产品
精度。

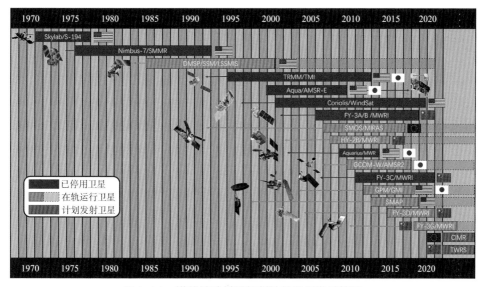

图1-14　搭载被动微波辐射计的卫星发展情况

水循环微波遥感：临风听雨传墒情

水是生命之源，地球上的水循环过程是维持生态健康和人类文明的基础。在全球变化背景下，水循环的过程和水资源的储量复杂多变，水旱灾害频发，为生态保护和水资源管理带来巨大挑战。微波遥感可以"倾听"水是如何在地球上不断循环、转移和重新分配的，是研究人员认识水循环的机制和时空变化规律的重要工具。

在海风的作用下，海面会形成不同的波浪，风浪越大，海洋表面的粗糙度越大，由此影响微波辐射的强度。我国海洋二号卫星搭载的微波辐射计即基于粗糙度变化的原理探测海洋风场。此外，海洋盐度也会显著影响部分微波频段的海水介电常数，我国海洋盐度卫星即通过 L 波段微波辐射计，探测海洋盐度的变化。

大气中的水汽对不同频率的微波辐射也有不同的吸收特性，通过测量微波辐射在大气中的衰减特性可以推断水汽的含量和分布；当微波穿过降水区域时，它会因降水中的水滴或雨滴发生散射和吸收作用，通过测量微波辐射或散射的强度变化，推断降水的强度和分布。例如，我国风云三号 G 星就可协同主被动微波观测反演降水参数。

此外，微波辐射可以透过植被覆盖层直接作用于土壤表面，故研究人员通过测量陆表的微波辐射信号，可以推断不同土壤的水分含量。我国规划设计的陆地水资源卫星即可利用 L 波段对于植被的强穿透能力，获取全球范围的高精度土壤水分（墒情）。

冰冻圈微波遥感：卧冰听雪话冻融

通过接收和分析微波辐射信号，还可以细致记录和解读冰冻圈（海冰、积雪和冻土等）中各种要素的变化。

被动微波遥感在极地的海冰覆盖密度、厚度探测等方面有着重要应用。微波辐射在穿过海冰时，会与海冰表面的冰晶发生相互作用，海冰密集度越高，冰晶越多，微波辐射的强度越大。微波辐射在穿过海冰时还会与海冰底部的海水、海冰下表面发生相互作用，故研究人员可以通过测量微波辐射在海冰中的衰减情况推断海冰的厚度。

不同微波频段下微波辐射对积雪颗粒的散射、吸收和透射特性不同，微波辐射在与雪粒和空隙的相互作用过程中会发生衰减，其强度反映了积雪的变化。此外，积雪消融与冻土融化主要牵涉到固态冰和液态水之间的转换，而冰和水之间的介电常数差异巨大，由此反映在微波辐射上也存在显著变化，故微波遥感可成为探测积雪融化以及冻土消融的重要手段。

生物圈微波遥感：碳水相融万物生

被动微波遥感是生物圈研究的强大工具。例如，当植被的类型和结构、植被含水量和生物量发生变化时，就会引起微波辐射特性的变化。此外，不同频段的

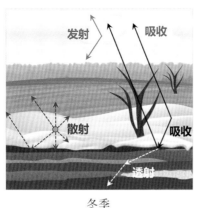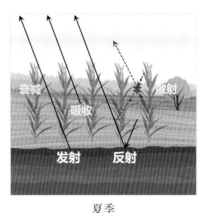

图 1-15　微波辐射传输过程

微波与植被不同部分的相互作用机制不同,如长波段对植被茎秆的作用更为显著,而短波段则对植被的冠层和叶片作用更为显著,因此研究人员会基于多波段协同观测来全面监测植被的水分和生长状态。通过测量和分析微波辐射信号,研究人员可以揭示生物圈的各种奥秘,从而发挥微波遥感在研究全球碳平衡、气候变化以及生态系统的功能等方面的关键作用。

雷达成像：穿云透雾的透视眼

陈昊 李亮

　　早期的雷达系统主要应用于探测目标方位，并对目标进行测距测速，但不具备成像能力。直到合成孔径雷达（SAR）出现，研究人员才开始将SAR搭载在飞行平台上对地表进行二维成像。

　　SAR技术起源于20世纪50年代，美国Goodyear Aerospace公司的卡尔·威利（Carl Wiley）首先提出这一概念。1958年，美国密歇根大学进行了飞行试验，获得了世界上第一幅SAR图像。1978年，美国发射了世界上第一颗搭载SAR系统的海洋卫星（SeaSat），对地球表面进行观测。1979年，空天院研制的机载SAR原理样机首次飞行，获取了我国首批SAR图像。

图1-16　1979年空天院研制的机载SAR原理样机获取的我国首批SAR图像

成为"放大镜"？少不了"合成"出来的孔径

雷达的天线孔径与其波束宽度成反比，而波束宽度决定了雷达分辨率的高低。为了提高传统雷达的分辨率，需要缩小有效的波束宽度，也就是增大天线的孔径。以欧洲遥感卫星1/2（ERS-1/2）雷达为例，如果在C波段（波长约为5.66厘米）以真实孔径成像，为达到10米的方位向分辨率，需要应用3千米长的雷达天线，但任何飞行平台在工程实施层面都无法满足这一需求。SAR技术很好地解决了这一工程难题。

与传统雷达固定在地面上收发信号不同，SAR一般搭载在飞行平台上收发信号。当SAR搭载卫星或飞机平台沿轨道飞行时，按照一定频率对观测区域发射电磁波，由于被观测区域与SAR之间存在相对运动，因而被地面反射回来的雷达脉冲频率产生漂移，这也就是多普勒频移现象。SAR正是利用这一物理现象改善雷达成像的方位向分辨率，即通过精确测定雷达在轨道不同位置接收到的脉冲相位延迟并跟踪频率漂移，将雷达照射时间内观测区域的回波信号通过数据处理方法"合成"为一个脉冲，也就是利用目标和雷达的相对运动形成的轨迹来合成一个孔径很长的等效天线，以此取代庞大的阵列实孔径天线，"合成孔径"的实现相当于一个空间采样过程。

仍以ERS-1/2卫星搭载的雷达为例，在C波段合成孔径模式下，使用长度为10米的天线，便可获得5米左右的方位向分辨率。从效果来看，尽管SAR天线的真实孔径仅在1～15米的量级，但在星载情况下，这等效于等间隔的天线阵元在空间上合成了一个数千米的实孔径天线，因而可以获得高分辨率。

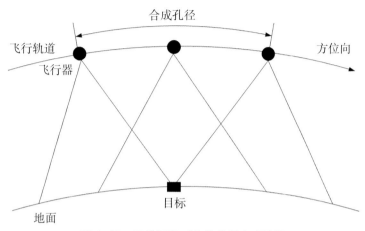

图1-17 天线运行时收发信号合成孔径

成为"透视镜"? SAR使用的是微波信号

相比于光学遥感,SAR作为一种主动式微波成像遥感器,可以不舍昼夜、不惧恶劣天气地对目标区域进行观测。这是由于雷达发射的微波信号波长远大于气溶胶等大气成分的粒径大小,因此在照射地物目标时,电磁波的衍射效应使得它具有穿透云雾的能力,并不会像光学信号那样受到云雾遮挡。

SAR图像不是直接"看"到的,而是通过成像算法对雷达回波信号进行成像处理而得到的。回波信号能量的差别导致了雷达图像上灰度色调的强弱差异,不同地物散射特征不一样,所能返回的能量存在差异,这部分能量的大小决定了此地物目标在雷达图像上的相对亮度。

SAR的"透视"能力不仅能穿云透雾,还可以穿透地表覆盖层(植被层、沙漠层以及冰雪层)。正是凭借这种优势,SAR既能洞察埋藏于地下的矿藏,又能穿透土层显示地下的地质构造情况,还能通过监测地质活动预报地震和火山活动,起到其他遥感器无法发挥的作用。

自首颗星载SAR卫星SeaSat成功发射之后，SAR成像理论与系统研制技术迅猛发展，世界上很多国家相继成功发射运行星载SAR系统。当前，我国星载SAR已实现从米级分辨率到亚米级分辨率、从早先的单通道单一工作模式到现在的多通道多工作模式、从单星观测发展到多星编队或多星组网协同观测、从单一极化到全极化的技术跨越。

极化干涉合成孔径雷达(PolInSAR)系统作为目前新一代的SAR系统，在一定程度上可以穿透地表覆盖层并进行穿透测量，反演地表覆盖层空间几何、记录内部结构属性及其动态变化过程。以穿透植被层为例，PolInSAR系统通过发射穿透性较强的长波，使其在穿透森林植被时衰减较小，较为容易到达地表，可以与地表及森林的主体——主枝与树干以及浅表根部发生作用，这样一方面可以反映更加

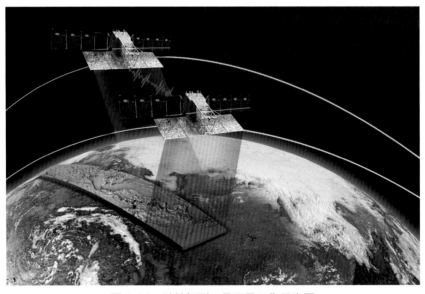

图1-18　陆地探测一号卫星工作示意图

真实的地表信息,另一方面则可以更加真实地反映森林主体结构以及生物量变化。当前受模型不完善、硬件不稳定等因素的限制,对地表覆盖层测绘的研究尚处于探索阶段,但随着由空天院作为SAR载荷总体研制单位的新一代PolInSAR系统——陆地探测一号卫星(LT-1)01组A/B星的成功发射,我国相关领域的空白逐渐被填补,我国对地表多维信息感知与综合环境监测能力将有效提升。

星载SAR技术的应用与发展

凭借SAR的这种"放大镜"和"透视镜"的优势,SAR卫星在灾害监测、环境监测、海洋监测、资源勘察、测绘等方面的应用上具有独特优势。以上文的PolInSAR系统为例,研究人员可以利用长波PolInSAR技术来监测地表覆盖层,根据采集的数据获取如植被覆盖层的厚度、蓄积量、生物量及层下地形等信息,为我国实施"双碳"战略提供有效的数据支撑。

目前,我国星载SAR技术的研究与应用已成为我国对地观测领域的重点发展方向。未来,我国星载SAR系统将朝着高分辨率宽测绘带、分布式多基成像、多星协同组网等新体制SAR的方向发展,将为人类更好地提供多层次、多角度、多模式综合对地观测数据,以满足不同应用场景的需求。

遥感卫星

航天（100千米以上）

高空气球

临近空间（20千米~100千米）

平流层飞艇

航空（20千米以下）

遥感飞机

系留气球

无人机

卫星数据接收天线

图2-1 对地观测平台示意图（图/黄宛宁 王欣鑫）

第二章

观测平台　顶天立地

无平台，则载荷难以致远。多样的观测平台提供了不同高度和角度的广阔视野。因需施用，让观测更便捷、更机动、更高效。

卫星平台：遥感器的太空工作室

武斌 刘玉泉 高建威

遥感卫星一般分为平台和遥感器两个部分。平台是为遥感器完成对地遥感观测功能提供服务的综合体，也就是遥感器在太空的"工作室"。这个工作室需要保障遥感器顺利开机、对地观测，获取高质量的数据，并持续在轨工作若干年。

七大系统，保障遥感数据稳定获取

遥感卫星平台主要包括电源系统、结构和机构系统、测控系统、星务系统、姿态和轨道控制系统、热控系统、数据传输系统七个主要部分。

电源系统是工作室的核心组成部分，遥感器与相关设备设施都需要靠电工作，电源系统用于确保工作室一直有电。电源系统通常包括三部分功能：一是发电。太空中只能靠太阳来发电，因此目前的遥感卫星平台基本是靠太阳能电池板将太阳能转换为电能。二是蓄电。遥感卫星有时候会运行到地球的背面，这时太阳照射不到，太阳能板无法发电，需要提前利用蓄电池组将多余的电能存储起来，目前遥感卫星平台基本采用锂离子蓄电池组。三是总体电路的设计和控制。电需要被合理分配给工作室中各个设备，因此总体电路的合理设计是整个电源系统的关键，既要保证用电设备电力分配合理，又要有一定的故障恢复能力，即使某个设备发生故障，也不会影响工作室中其他设备的正常工作。

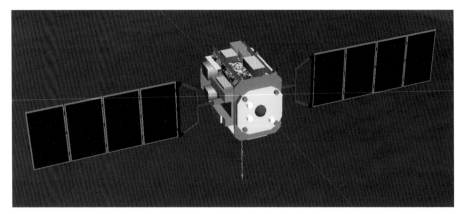

图2-2　卫星太阳能帆板示意图

　　结构和机构系统可以理解为工作室的主体框架和布局,一般根据卫星上包含的设备情况进行设计,不同卫星的结构差异很大,有的设计为立方体,有的设计为圆柱体。一般如果遥感器多的话,还会设计成"多居室"的工作室;如果只有一个遥感器的话,"开间"则足够大。结构和机构系统还必须结实、轻便、紧凑,便于火箭运输。

　　测控系统可以理解为工作室的电话线。每当卫星飞过测控站的上空时,地面的工作人员想拍摄哪里,就通过它"打电话"给工作室,这个过程靠无线通信实现,遥感卫星则会按照指令自主工作。如果把遥感器比作电视,它相当于遥控器,工作人员通过这一"遥控器"控制遥感器开关和"播放频道"。目前,测控主要集中使用S频段(2～4吉赫)和X频段(8～12吉赫)。

　　星务系统可以看作工作室的管家,由它来指挥和管理整个工作室,确保各个设备运行有条不紊。如果把遥感器比作人眼,星务系统就是大脑。该系统有时也被称为星上数据管理系统(OBDH)。它是星上功能最强大、管理设备最多和任务最繁重的星载控制器,几乎与各个分系统之间都有交互。

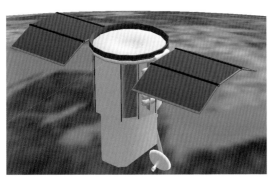
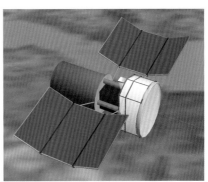
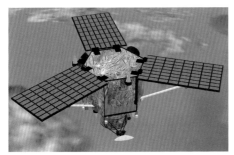

图2-3 QuickBird卫星(左上)、WorldView卫星(右上)、IKONOS卫星(左下)和SPOT5卫星(右下)示意图

　　姿态和轨道控制系统的重要作用是"保稳"。地上的房子可以稳稳地待在那里,但太空中的"房子"必须依靠姿态和轨道控制系统来保障自身处在预定的轨道路线上不乱跑,并且保障遥感器拍照"稳"、"准"、图像不虚。姿态控制包含姿态测量设备和姿态执行设备,"测得准"和"控得准"同样重要。常用的姿态测量设备包括星敏感器、太阳敏感器和陀螺仪。星敏感器通过拍摄星空与预制的星图对比计算姿态,精度最高;太阳敏感器通过强光感受来追踪太阳获得姿态,精度较低;陀螺仪用来测量卫星不同方向的加速度。常用的姿态控制执行设备包括动量轮、控制力矩陀螺和磁力矩器。动量轮和控制力矩陀螺通过旋转惯量改变卫星姿态,

磁力矩器则通过其所处的地磁场相互作用产生磁控力矩,以对航天器进行姿态控制或动量管理。

热控系统也很重要,可以理解为工作室的空调。太空中温度极低,近地空间的环境温度通常都低于零下100℃,但被太阳照射的部分却很高,可达100℃以上。为了减小温差、均衡温度,维持卫星正常运转,大多数卫星都装有热管(依靠流体导热),既能给向阳面散热,又能给背阴面保暖。

数据传输系统可以理解为工作室对外传输的网线。遥感器获取数据之后需要通过传输系统将数据发送给地面,最早的遥感卫星搭载的是胶片式相机,卫星平台就必须是返回式卫星,相机拍摄完成之后等卫星返回地面时工作人员才能拿到胶片、得到拍摄的图像。目前的遥感卫星获取的都是数字化的图像,当卫星飞过地面接收站时便可以将相应的无线电信号传输至地面站,而后地面站解析出获取的图像。

迭代发展,未来更高集成、更强性能、更加智能

卫星平台这个概念并不是一开始就有,而是随着卫星数量的不断增加,为载荷提供支撑的这些单机系统慢慢出现了一些相似的设计,而研发人员为避免每次重复设计,面向类似需求逐渐建立了相对固定的平台设计方案。在确定遥感器后,研发人员会再根据资源的具体需求调整平台。

未来的遥感卫星平台有以下三个发展趋势:

一是更高集成度。随着卫星平台的功能越来越稳定,技术越来越成熟,各个单机系统可以集成在一起,比如星务、测控和姿态轨道控制系统共用一台计算设备,通过减少信息交互,提高整个平台的运行效率。

二是更强性能。随着技术的不断发展,未来卫星平台的性能会更加强大,比

如可以搭载更强的核电设备为平台提供能量,利用激光通信达到更高的传输速率,搭载高比冲的电推进或者利用核动力提升平台推进能力,实现想拍哪里就拍哪里的自由变轨。

三是更加智能化、网络化。目前的遥感卫星大都独立工作,仅与地面或者中继星交互,卫星与卫星之间几乎没有交互。未来随着大规模星座的发展,智能网络化平台必将建立,届时孤立的节点组成星群网络,大数据分析和人工智能算法进一步应用于卫星,真正建成智能卫星互联网。

航空遥感飞机之 "奖状"：跨越山海的功勋之翼

李儒　潘洁　房成法

航空遥感是对地观测体系的重要支柱之一，航空遥感飞行平台则是其重要组成部分，为科研人员提供了宏观和广阔的视角。奖状遥感飞机（以下简称"奖状"）就是我国首屈一指的民用高空、高速航空遥感飞行平台。它们通过适装不同类型的遥感器开展各类对地观测与试验，为国家遥感科学事业发展立下了不朽的功勋。

远渡重洋的"奖状"

美国塞斯纳飞机公司有一款性能优良的 citation 550 II 型小型公务飞机，一般翻译为"奖状 II"。1986 年，在国家计划委员会（现国家发展和改革委员会）和中国科学院的支持下，中国科学院航空遥感中心引进了两架同系列的飞机（550 S/II），它们能够分别适装光学和微波遥感器，执行高空、高速遥感任务。随后，它们被列入中国科学院重大科技基础设施。

投入运行后，航空遥感中心组织了国内 20 多家科研单位联合攻关，以"奖状"为高空平台，经过多年努力，研制和集成了包括可见光、近红外、热红外和微波波段等在内的多套遥感器，从而构成我国第一套也是当时最为先进和规模最大的

图2-4 1986年6月23日,两架"奖状"抵达良乡机场

航空遥感系统,该系统于1993年获得中国科学院科学技术进步奖特等奖。一直以来,大家都爱称这两架飞机为"奖状遥感飞机"或直呼其"奖状"。"奖状"这一称呼既是飞机型号别名,更是航空遥感中心人以这两架功勋飞机为自豪的表现。

千锤百炼的"奖状"

飞行平台的性能是体现航空遥感能力的关键因素之一。"奖状"最大升限13000米,最大航程3300千米,最高航速746千米/时,可以保障科研人员在万米高空、青藏高原、南海腹地、沙漠深处等环境开展科学试验。直到今天,这样的能力也是国内通航界翘楚。

改装水平是体现航空遥感能力的又一关键。改装后的"奖状",1号机可在机舱内装载光学遥感设备,2号机可装载微波遥感设备。

1号机开设的是光学窗口,既要具有足够大的尺寸,又要确保窗口玻璃具有优良、稳定的光波透过率。除了对地观测,还可能用于同步采集机舱外部空气,因此需在机身上再开设大气联通采样窗口。另外,有些设备还必须安装在非密封环境。为了尽可能多地满足试验需求,工程人员在1号机机身上开设了包含1处非密封舱在内的7处试验窗口。目前国内能够安装光学设备的高空飞机很多,但像1号机有这么多改装窗口、能分别适装六至七型遥感器的飞机就不多了。

2号机需要在机舱外挂载设备,这会改变飞机的气动外形,对飞机飞行安全产生直接影响,是非常敏感的重大改造。经过改装后的2号机机腹可挂载不超过100千克的机外设备,在挂载的设备外还会加载一个外壳将其罩住。同时,2号机也具有与1号机基本相同的大部分光学改装窗口,可适装1号机安装的各种遥感器。如此改装后,这架飞机可安装包含微波设备在内的多类型遥感器,开展科学试验和工程应用。截至目前,国内具有与2号机相似遥感器搭载能力的民用遥感飞机寥寥可数。

经过以上改装后的"奖状",能够同时提供非密封、密封环境,可以分别装载多/高光谱、激光雷达、热红外、微波、大气等多类型遥感器。近40年后的今天,基于这些改装,"奖状"仍能满足多类对地观测与科学试验对高性能试验平台的要求;在一些高空、高原任务中,"奖状"仍然是不可替代的遥感科学试验平台。

硕果累累的"奖状"

面对纷繁复杂的应用需求和差异万千的试验要求,航空遥感中心依托"奖状",尤其是其高空、高原飞行上的性能优势和加改装后的设备综合集成能力优

图2-5 "奖状"在海拔约3600米的拉萨贡嘎机场起飞

势,圆满完成了国家交付的资源探测、对地科学试验、应急救援、空间科学研究等各类型重大任务,飞行足迹西抵帕米尔高原、东到黑河流域、北至阿尔泰山和漠河、南达南海三沙,遍布全国各省市自治区,保障领域涉及农业、林业、环境、减灾、交通、国土、海洋、测绘、地矿、体育等各行各业,为我国遥感科学事业和国家经济社会发展立下了赫赫战功。

其中,"奖状"先后11次飞到被称为"死亡之海"的塔克拉玛干沙漠深处,为开发塔里木石油天然气资源、修建塔中公路提供宝贵的第一手资料。在东北,"奖状"克服原始林区终年云罩不散等特殊气候,多次突破飞行禁区,完成了砂金矿遥感探测和原始林区调查任务。

因探测能力强大并且机动灵活，"奖状"多次冲在应急救援第一线。从1986年首次对东辽河进行洪水监测开始，"奖状"连续对1989年湖北荆江洪水、1990年淮河洪水、1991年太湖地区洪灾、1998年长江流域特大洪水、2003年淮河流域特大洪水等进行应急飞行，并深度参与了2008年汶川地震、2010年玉树地震、2013年芦山地震的应急监测。

在科学研究方面，国家相关领域内的重大科研项目中经常有"奖状"的身影。它们曾先后8次进入西藏高原飞行作业，完成了针对珠穆朗玛峰、唐古拉山地区、雅鲁藏布江、拉萨河、年楚河流域及拉萨市等地理位置的遥感飞行，为全球变化研究提供了大批宝贵的科学数据。

"奖状"也是我国空间科学研究的主力平台之一。基于"奖状"开展各类空间科学试验，对研制新型航空、航天仪器的各项性能指标进行逐项验证与试验，为空间信息技术发展做出了重要贡献。

"奖状"还有其他重要应用。其中，"奖状"于1987年配合中国、日本、尼泊尔三国联合登山队攀登珠穆朗玛峰，协助专家组对珠穆朗玛峰及其周边地区气象、环境进行实地遥感探测。飞机紧贴珠穆朗玛峰盘旋飞行20余次，获取了上万幅图片资料。

老当益壮的"奖状"

1986年至今，"奖状"已有近40年机龄。曾有人问："'奖状'老矣，尚能飞否？"

"奖状"不服老！航空遥感中心一直如关心自己的孩子一样，呵护"奖状"的每一个部件，一丝不苟地执行每一次定检。通过严格的检修和部件更替，"奖状"如今依然保持着优良的性能。

未来，"奖状"将更加集中优势，重点在高原、沙漠、冰川、深海等区域承担包含透视探测在内的更富有挑战性的科学前沿任务,探测范围从地表逐渐向外延伸,逐步深入冰冻圈、大气圈,积极促进实现透视地球观测。此外,还将与新"伙伴"们组合成为高-中-低空飞行的空中实验平台,搭建我国自己的"空中遥感实验室"。

图2-6　2023年3月,"奖状"在祁连山开展八一冰川试验

航空遥感飞机之"新舟60"：空中变形金刚

潘洁　朱金彪　赵海涛

2023年3月至5月期间,作为我国第二次青藏高原综合科学考察研究和民用P波段合成孔径雷达(SAR)卫星科学论证计划的组成部分,中国科学院等相关院所在青海省海北藏族自治州八一冰川地区组织实施联合科学实验。这是国际上首次开展基于航空平台的P/L/VHF三波段雷达联合冰川探测实验,对解决冰川厚度遥感监测难题、突破冰储量估算瓶颈、引领下一代冰冻圈遥感技术具有重大意义。

该实验基于空天院建设和运行的航空遥感系统国家重大科技基础设施执行,"新舟60"遥感飞机(以下简称"新舟60")则是其飞行平台。

响应国家亟需,引领技术发展

航空遥感具有分辨率高、观测量丰富、载荷配置灵活、响应时间短等独特优势,是区域高分辨率多源遥感数据的最重要来源。我国于1986年建设了以"奖状"遥感飞机为平台的第一代航空遥感系统,在科学研究、应急救灾等国家重大需求中发挥了重要作用。进入新世纪后,随着我国经济社会高速发展,科学家们提出了大气圈、水圈、冰冻圈、岩石圈、植被圈区域耦合效应等地球系统科学观测及应用要求,建设具有多载荷装载能力和协同作业能力的大型航空遥感平台,实现多种类遥感器同时、同一区域的联合观测,成为国家之亟需。

图2-7 "新舟60"起飞执行观测任务

2009年3月,国家发展和改革委员会批复立项了航空遥感系统国家重大科技基础设施项目,并于2010年1月开工建设。项目建设法人单位和运行单位为空天院,主要建设内容包括"新舟60"高性能航空遥感飞行平台、先进的信息获取系统、数据处理与管理系统及其配套的遥感综合楼和机库。

"新舟60"由中航西飞民用飞机有限责任公司研制生产,具有中国自主知识产权,也是在国内外航线上唯一批量投入商业运行的国产涡桨支线客机,被称为我国民用飞机产业的探路者。该机型装载能力强、综合性能优、可改装条件好,是大型航空遥感系统的理想飞行平台。

历经10余年建设,航空遥感系统于2021年7月建成并通过国家验收。作为我国第一个综合性的国家航空遥感系统,其技术复杂、研制难度大、创新性强,属国内开创性工作,实现了我国中型航空遥感平台和系统从无到有的跨越,是我国目前综合能力最强的航空遥感平台和科学实验平台,具有完全自主知识产权,其综合性能与美国国家航空航天局(NASA)戈达德太空飞行中心运行的航空遥感系统相当,整体技术居国内领先、国际先进水平。

一机七型,国内首创空中"变形金刚"

针对项目要求,研究人员提出了"一机七种适航构型"技术方案,并突破了飞机多外挂物气动布局、舱外多挂点和机体连续大开口飞机结构设计、复杂任务设备集成试飞与适航审定等关键技术,于2016年12月实现首飞,于2018年12月、2019年12月先后完成2架飞机的交付。经过试运行,支持全系统完成了综合集成、指标验证、验收测试等程序,建成了具有7种适航构型、18个对地观测窗口的先进遥感飞机,填补了国内具有长航程、多功能、多观测窗口的中大型航空遥感飞机研制空白以及一系列国内民机研制的技术空白,成为国内综合能力最强的航空遥感平台和科学实验平台。

"新舟60"具有7种适航构型和18个对地观测窗口,被称为空中"变形金刚"。这个空中"变形金刚"具备多种观测窗口,可以满足光学、微波、激光、红外等多种载荷同时安装,数据协同获取、记录、处理、传输等环节同步工作及多名操作人员同时工作的空间要求。

深度应用,未来无限可期

以"新舟60"+"奖状"为飞行平台的航空遥感系统已成为国际先进水平的国家级空中实验室,并在科学研究、农业农村、生态环境、自然资源、国土测绘、应急

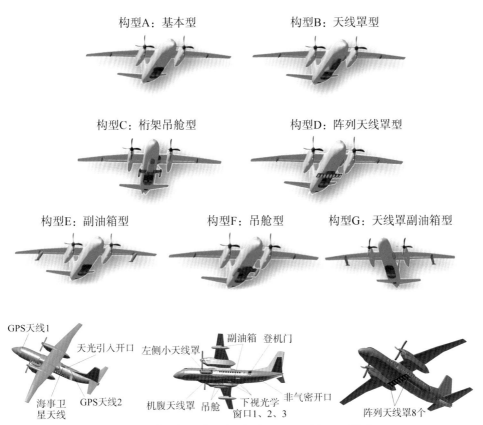

构型A：基本型　　　　　　　构型B：天线罩型

构型C：桁架吊舱型　　　　　　构型D：阵列天线罩型

构型E：副油箱型　　　构型F：吊舱型　　　构型G：天线罩副油箱型

GPS天线1

天光引入开口

海事卫星天线　　GPS天线2

副油箱　登机门

左侧小天线罩

机腹天线罩　吊舱　下视光学窗口1、2、3

非气密开口

阵列天线罩8个

图2-8 "新舟60"遥感飞机构型及观测窗口配置图

减灾、反恐维稳和国防安全等行业和领域得到了深入广泛的应用,取得了多个国内首次的应用成效。

行业应用农业方面,该航空遥感系统为"高标准基本农田建设""黑土地保护性耕作行动计划"等国家重要工程提供了高分辨率航空遥感数据,这也是国内首次基于遥感手段实现秸秆覆盖保护性耕种监测,首次实现了对机井、林网等高标准农田骨干设施监测。应急减灾方面,首次综合利用同区域光学和SAR数据实现了房屋等承灾体高精度识别,实现了水体与洪涝灾害隐患高精度提取和调查。国土资源方面,2021年开展自然资源全要素监测,基于多维度SAR数据形成了区域自然资源全要素监测应用技术流程,面积精度和最小监测图斑实现了数量级提升。国际合作方面,系统获取的航空光学数字正射影像助力联合国教科文组织国际自然与文化遗产空间技术中心完成了对玉门市、瓜州县和敦煌市三地沿线约400千米的汉长城遗址的自动识别与图像提取。

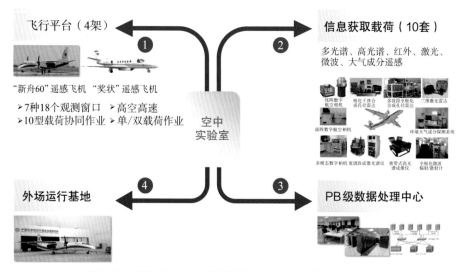

图2-9 以"新舟60"+"奖状"为飞行平台的航空遥感系统

　　此外,在遥感科技前沿基础研究方面,通过面向国内外知名高校推进高精度航空数据共享,积极促进了遥感先进算法模型的重构和优化,有效提升了基于航空遥感数据算法模型的精度和鲁棒性,并促进了人才培养和高水平文章产出。

　　总体来说,航空遥感系统大幅提升了我国航空对地观测能力,为国家对地观测计划和地球系统科学的发展做出了重要贡献,并积极促进了我国遥感设备、数据处理以及遥感应用的产业化。

　　未来,空天院将基于航空遥感系统国家级空中实验室,进一步面向国家重大需求和遥感科技基础前沿重大科学观测需求,突破有人机和无人机等多航空平台组网、多种类新型探测载荷分布式协同探测等重大关键技术,形成立体、透视、精准和智能观测与应用能力,不断引领我国航空遥感技术与应用阶跃式发展,着力提升我国透视地球观测技术的核心竞争力。

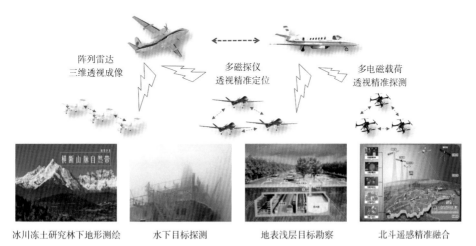

图2-10 航空协同透视观测技术系统

浮空艇之极目一号：御风而行的大白鲸

何泽青　乔涛　陈其

在第二次青藏高原综合科学考察中，由空天院研制的浮空艇创造了科考纪录，吸引了公众的视线：极目一号Ⅲ型浮空艇平台于2022年5月15日升空，升空高度超过世界最高峰——珠穆朗玛峰，达到海拔9032米，这一高度打破系留浮空器的升空观测高度世界纪录，极目一号也被比拟为空中"大白鲸"。

进入"快车道"的古老航空器

"浮空艇"有一个更为严谨专业的名字——系留气球，按特性及大类区分，它属于浮空器的一种，内部充入氢气或氦气等密度小于空气的气体，但科学上应用的浮空器更为复杂。

浮空器是指内部气体密度低于空气的航空器，总体可分为气球和飞艇两类。气球是指无动力装置的浮空器，可分为自由气球和系留气球，自由气球随风飞翔，系留气球利用缆绳系留固定在地面锚泊设施上。飞艇是自带动力装置、可操纵飞行的浮空器，按浮空高度可分为中低空飞艇和平流层飞艇。极目一号Ⅲ型浮空艇平台属于大型的系留气球平台系统。

浮空器是一种古老的航空器，气球、飞艇出现的时间比飞机要早很多，且具有载重大、驻空时间长、易于布置、控制和操作成本低等其他航空器所不具备或不可比拟的明显优势。

　　随着时代进步,浮空器系统相关学科领域,特别是材料科学领域的蓬勃发展,使得浮空器的研究进入了新时代发展的"快车道"。极目一号Ⅲ型浮空艇创造系留浮空器的升空观测高度世界纪录,是我国浮空器事业发展的又一里程碑。

庞然"巨鲸"上的硬核科技

　　极目一号Ⅲ型浮空艇给人的第一印象是大。海拔9000米高度处于对流层上部,高风速、低温、低气压、复杂电磁场的极端环境条件,对浮空艇全系统的升空科学观测提出了巨大挑战。如此大的系统,如何保证它的正常运转?科学家和工程师们有高招。

　　将极目一号Ⅲ型浮空艇按功能区分,可分为球体、测控、供配电、地面锚泊以及载荷五个分系统。

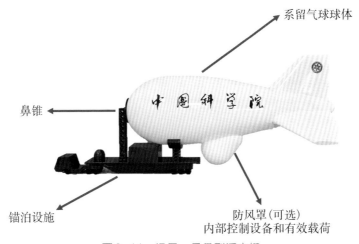

图2-11　极目一号Ⅲ型浮空艇

　　球体分系统,就是我们说的"大白鲸"。"大"是指巨大的体积——浮空艇长55米,体积为9060立方米,这是经过精密计算得出的优化尺寸,以实现将多种大质量载荷从地面携带至海拔9000多米的高空。"白"是指浮空艇外形颜色呈现白色。白色可以反射光线、减少紫外线的吸收,使浮空艇内部气体不会升温过快。浮空艇的囊体材料是一种由我国自主研发的轻质低密度低渗高强抗辐射复合织物材料,可对整个浮空艇进行有效保护与支撑,既阻挡外部雨雪风沙,也可减少内部气体泄漏,极大增长了浮空艇的使用寿命与复用次数。"鲸"是指浮空艇的外形。浮空艇采用了仿生学设计,整体呈流线型,形似鲸鱼,这一气动外形具备小风阻和高稳定性两者平衡的特点,有助于减小浮空艇升空过程中空气阻力的影响。浮空艇内部由两个气囊组成,气囊内分别填充氦气与空气,氦气囊提供升力,空气囊起平衡压差作用。和鲸鱼用肺呼吸相似,浮空艇在升空过程中,环境压力和温度都在不断降低,为了保持球体压力在合理范围,通过风机阀门等元器件调节空气囊,排出空气,浮空艇降落则是此过程的逆过程,即向空气囊打入空气,升降过程恰似肺进行气体交换的过程。

　　测控分系统,是"大白鲸"的"千里眼"和"顺风耳"。获取浮空艇的实时状态与信息,控制整个浮空艇系统完成科学观测,研究人员需要用到相关的测控设备,以实时获取不同高度剖面的风速、气温、湿度等环境信息,获取浮空艇的升空高度、升速、压力、俯仰角、系缆拉力等关键信息,以便实时判断浮空艇的正常状态,辅助地面指挥决策。

　　供配电分系统,是"大白鲸"的"定海神针"。浮空艇上载有能源舱,内有高压锂电池组、能源管理器及配电器等设备,这些设备负责为整个浮空艇系统提供能源支持,可同时满足不同设备、仪器、遥感器的不同功率/电压要求,实现升空观测锂电池组供电、地面锚泊时地面高压供电的双模供电,如同定海神针一般,持续支持着整个浮空艇系统的运转。

地面锚泊分系统,是"大白鲸"的"五指山"。地面锚泊分系统主要由特种锚泊车及特种系缆组成。锚泊车通过鼻塔及两个侧臂对浮空艇完成三点约束,使其在地面停泊。特种系缆两侧分别连接艇体主承力结构件和锚泊车辆容缆滚筒,除了承力,特种系缆内部还有细电缆及光纤,后者用于将浮空艇升空过程中静电接地释放和实时通信数据传输。通过操作锚泊车系缆收放,可实现浮空艇的升降。在地面锚泊时,锚泊车上平台可随风向变化而转动,使浮空艇的艇首总是处于迎风的小风阻状态。

载荷分系统,是"大白鲸"的"多面手"。浮空艇平台系统可以搭载各种类型的载荷设备,根据载荷特性及功能,发挥巨大的作用。

满足不同需求的浮空艇"家族"

浮空艇家族活跃在很多科研项目中。由空天院研发的系留气球(浮空艇)曾在青藏高原地区数次打破系留气球升空海拔世界纪录;在可可西里西区观测藏羚羊等野生动物活动;在内蒙古地区开展草畜资源状态监测,为研究草畜平衡模型、创建生态草牧业科技体系提供平台支持;曾在东海海域开展"智慧海洋"应急通信试验网络项目船载系统的综合集成演示验证;等等。这些任务都取得了良好的效果。

目前,空天院已拥有从小到大全规格、系列化、矩阵式的系留气球产品,这些系留气球成功应用于科学观测、应急通信、草原生态与畜牧平衡观测、海洋中继通信、对地观测及低空防务等典型场景。同时,空天院在通用性设计上对应用地理区域进行针对性优化,已在城市、平原、高原、草原、沙漠、海洋、岛礁等多种典型地理区域开展过科学试验与示范应用,取得了突出的试验成果与亮眼的科考成绩。

图2-12 极目一号Ⅲ型浮空艇是第二次青藏科考"巅峰使命"珠峰科学考察的重要平台

图2-13 浮空艇开展"智慧海洋"应急通信试验网络项目中船载系统的综合集成演示验证

无人机：遥感家族的小精灵

肖青

近年来，搭载照相设备等任务载荷、由飞手遥控或利用飞控系统自主控制飞行的无人机平台在测绘、减灾应急等遥感应用领域日益发挥重要作用，成为遥感家族的新成员。无人机因其小巧机动、低空飞行、时空分辨率高、载荷配置多样灵活等特点，被称为遥感家族的"小精灵"。

研制历史百年，研发应用如火如荼

1917年，英国皇家航空研究院初步将空气动力学、轻型发动机和无线电三者结合起来，研制出了世界上第一架无人驾驶飞机。同年12月，美国发明家埃尔默·斯佩里在军方支持下，使用自己发明的陀螺仪和美国西部电气公司开发的无线电控制系统完成了"空中鱼雷"的首飞。

20世纪60年代以前，无人机主要作为军事训练中射击训练目标的靶机，后来在战场上崭露头角。自20世纪90年代开始，无人机在现代高科技局部战争中得到全面应用，军用无人机开始成体系建设发展。进入21世纪后，随着现代电子、精密机械、导航定位和遥感器等相关技术的快速发展，无人作战飞机、空天无人机飞速发展。在民用领域，无人机的应用始于20世纪80年代，到21世纪逐步得到广泛应用并形成产业。

图2-14　无人机摄影结果示例(左、中/张银杏,右/时丕龙)

目前,我国无人机产业发展呈现"井喷"态势,除航空、航天相关的科研机构和高校外,众多民营企业纷纷加入研发行列中来,民用无人机的研发和应用可谓是如火如荼,无人机在消费娱乐等领域的应用已经走在世界前列。

新兴平台,独特优势尽显

发展迅速的无人机目前已成为一种新兴的遥感平台,在搭载各种遥感器后,被广泛应用于国土航测、农林植保、大气探测、灾害救援、国防安全等领域。无人机分类多样,其系统种类繁多。按照飞翼类型,可分为固定翼无人机、无人直升机和多旋翼无人机;按照动力类型,可分为油动力无人机和电动力无人机两种。

无人机遥感具备超高分辨率、高频次获取能力,可以与卫星遥感形成能力互补。无人机遥感具备的实时观测能力,是目前卫星遥感观测平台很难实现的。相比于有人机遥感,无人机遥感又具有较高的性价比和机动性。可以说,无人机遥感在低成本的基础上,解决了高空间分辨率和重访周期的矛盾,也因此使得遥感科学研究从宏观向微观前进了一大步,使遥感数据获取进入大众化时代。

由于无人机遥感的独特优势,过去很多基于卫星数据应用效果不佳或者无法实现的领域,目前都可以利用无人机遥感手段很好地实施。

例如,利用无人机高光谱遥感可以进行地表物种分类和识别,通过无人机高光谱数据发现并识别外来物种入侵等,为生态环境保护提供数据支持。又如,无人机遥感为极端环境采样和数据获取提供了便利条件,为很多研究提供了第一手的数据,助力多个新的科学发现。2010年以来,美国国家航空航天局使用高空长航时无人机"全球鹰"(Global Hawk)对大西洋5个飓风的路径监测取得成功后,协助构建了台风精细结构体系。2017年,多国研究团队曾利用安装相机和其他传感器的无人机来拍摄危地马拉火地岛火山的喷发画面,测量相关数据,并对动态过程进行建模。

特别值得一说的是无人机遥感在灾害遥感监测中发挥的关键和重要作用。在近些年的重大自然灾害应急事件中都能看到无人机的身影:2008年汶川地震灾后救援中,无人机遥感技术投入使用;在之后的重大自然灾害的救援过程中,无人机都发挥了重要作用。

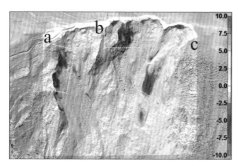

图2-15 无人机滑坡监测(左/郭晨等)与薇甘菊物种入侵调查(右/岑奕等)
注:左图中a,b,c为三个滑坡变形区域;右图中红色斑点为提取出来的薇甘菊分布区域

在行业应用领域,油气、输电、光伏电场基础设施的无人机巡检已实现常态化。在一些政府部门,无人机正被逐步纳入业务体系,如环保部门利用无人机开展河流排污口排查整治。高频次、迅捷响应的无人机平台和厘米级的无人机图像,有力支持了环保相关业务部门常规作业的日常化运行。

图2-16　河道污水排放无人机监测获取的图像（图/姚延娟）

"遥感＋"应用，服务领域大拓展

无人机由于方便灵活，大众参与度高，创新活跃度也很高，发展迅猛。无人机遥感和其他相关技术领域的深度结合，呈现出大量拓展性的应用，被称为无人机的"遥感＋"应用。例如：

在遥感＋数据的实时传输方面，无人机遥感对军事、应急减灾救援等非常重要，许多国土安全监测与灾害救援行动依靠无人机遥感与实时传输提供及时信息以进行决策。

在遥感＋即时定位与地图构建技术（SLAM）方面，无人机与SLAM的结合使得无人机的导航和避障得到增强，在无人机智能化数据获取与自主飞行上具有重要应用前景。

在遥感＋决策和执行技术方面，类似军事应用上的"察打一体"，实现"无人机遥感＋识别＋任务规划＋执行任务"一体化完成。例如，无人机遥感可以实现田野农情遥感监测，形成病虫害处方图，规划合理航线，执行精准农药喷洒，将静态遥感观测与实时决策和执行融为一体。

在遥感＋低空航路规划方面，当前无人机多样化应用需求主要在低空，"低、慢、小"无人机绝大部分集中在低于500米的近地面空域，而这个空域地表变化多样、情况复杂，飞行安全和效率问题突出，故低空航路特别是城镇化地区无人机低空公共航路，需要精细化规划。通过传统统计渠道获取数据效率低下，而利用城镇地区高清高动态无人机遥感数据服务低空航路规划构建成为研究前沿，我国在这方面已率先开展积极探索。

在遥感＋区域组网方面，尽管无人机遥感能力很强、空间分辨率高，但覆盖区域小，难以满足大区域应用对无人机遥感的需求，必须通过无人机组网遥感的方式使其发挥聚合作用。比如，通过一定的组织模式和技术体系，把全国分布式的无人机遥感资源规划部署起来，构建大区域、高频次、迅捷响应的厘米分辨率及遥感监测体系，从而完成大面积的测量任务。

总的说来，无人机的应用与发展已经形成了军警民全领域应用的态势，在应用需求的强力牵引和新技术发展的有力支持下，无人机的发展未来可期。

图 3-1　摄于中国遥感卫星地面站喀什园区的星轨图
（图/时丕龙）

第三章

数据链路　环环相扣

『空天之眼』捕捉到的信息如何落地？落地的信息如何更准确、更可靠？每一条看似寻常的遥感数据，获取过程包含了环环相扣的诸多细节。

地面站初创：让摘星成为可能

黄鹏

遥感卫星地面站是用来接收、处理、存档和分发各类遥感卫星数据的技术系统，由地面接收站和数据处理中心两部分组成，其中地面接收站的主要任务就是搜索、跟踪卫星，接收并记录卫星下行的遥感数据和遥测数据。

我国第一个遥感卫星接收站——中国遥感卫星地面站于1986年建成投入运行，使我国拥有了直接获取卫星遥感数据的能力，开创了我国遥感技术和遥感应用的新时代。

从无到有，邓小平同志亲自引进

1959年，美国探索者六号卫星（Explorer 6）拍摄了第一张地球照片，照片历经40分钟传回了地面。1972年，美国发射了第一颗陆地观测卫星（Landsat-1），并通过地面站定时接收卫星数据，开始了人类对地球资源环境的常态化观测时代。我国于1975年首次发射了返回式遥感卫星，但因为没有自己的遥感卫星地面站，只能通过购买国外的卫星数据来获取相应的资料，难度大、时效性差、数量又极其有限，远远无法满足日益增长的国家经济建设的需要。

鉴于遥感卫星地面站的重要作用，1978年8月，中国科学院向国家计划委员会（现国家发展和改革委员会）和国家科学技术委员会（现科技部）递交了《关于从美国引进地球资源卫星地面站的报告》。仅一个月便得到中央领导批准,同意引进并建设中国的遥感卫星地面站。

1979年1月,邓小平同志访美期间,与卡特总统签订了《中美科技合作协定》。此后,中美两国签订了关于陆地卫星地面站的谅解备忘录,在相关文件中确认:在条件合适的情况下,中国拟购买一个美国地面站,以接收美国国家航空航天局在轨及后续陆地资源遥感卫星发来的遥感数据。

踏破铁鞋,首站落户北京密云

地面站的站址选择是一个系统工程。例如:为了保证卫星观测数据获取,地面站一般都选择在周边没有遮挡的开阔地区;电磁干扰是对地面站运行的最大威胁,因此选址时必须详细测量当地空间的无线电信号,全面分析候选地点的电磁环境;卫星数据接收天线的口径有大有小,大的重达几十吨,既要快速转动又

图3-2　1979年8月,选址小组在北京某地进行电磁干扰检测

要稳定瞄准卫星,而且天线常年转动会对天线基座的状态、位置等产生影响,因此不仅需要把天线基座建造得十分稳固,还必须提前做好地震、沉降状况等地质调查,选择地质构造比较稳定的场地。地面站一年365天都在运行,方便设备运行、维护修理是重要的支撑保障要求,为此,水、电、通信、道路交通、安全保障甚至生活条件等都必须在规划设计阶段充分考虑。

我国首个遥感卫星地面站的选址小组早在1979年便已成立,由后来密云站的第一任站长蔡君勇同志任组长。选址小组在北京郊区和河北附近地区调查、测量,收集有关气象、地质、地震、周围无线电干扰源等大量数据,经过大约一年半的野外工作和分析论证,最终选定地面站位置。

玉汝于成,落成并稳定运行

1982年5月,地面站引进计划得到批准。自此,科研人员开始了技术引进和洽谈工作,对美国和欧洲的设备制造企业进行了详细的调查研究,一方面实现既定技术目标,另一方面又为国家节省宝贵外汇,最终于1982年12月,与美国系统和应用科学公司(SASC)在北京正式签订了引进地面站的合同。

此后,各项工作持续推进。1984年6月,密云站基建工程全部完成;1985年11月,天线系统吊装完成;1985年12月,天线系统调试完成并第一次记录接收到卫星数据;1986年5月,地面站投入试运行。

1986年12月20日,我国首个遥感卫星地面站——中国遥感卫星地面站举行了隆重的落成典礼,时任国务院副总理方毅,全国人大常委会副委员长严济慈,中国科学院院长卢嘉锡、副院长周光召,国家科学技术委员会(现科技部)副主任朱丽兰,王大珩院士等出席了落成典礼,美国驻华大使温斯顿·洛德、美国国防部助理部长麦克·布瑞恩等也应邀出席。会上,领导和来宾们参观了地面数据处理系统与成像系统,并且观看了地面站获取的卫星照片,对地面站的引进和建设工作给予了高度评价。

中国遥感卫星地面站的成立,使我国拥有了自己的地面数据源,中国遥感应用揭开全新的一页。

图3-3　中国遥感卫星地面站密云站

中国遥感衛星地面站

图3-4　邓小平同志亲笔题写的站名

多站组网,陆地观测卫星数据全接收

地面站的工作主要包括运行管理、跟踪接收、数据记录及存储、数据传输、数据处理、数据服务六大环节,彼此之间相互协同,从而完成卫星数据从接收到分发的全部过程。经过30余年的建设和运行,中国遥感卫星地面站已形成了以北京总部为中心,拥有密云、喀什、三亚、昆明、北极5个卫星数据接收站的运行体系,实时数据接收范围覆盖我国全部领土和亚洲70%陆地区域,并初步具备了全球数据的快速获取能力,是我国兼容和扩展能力最强的卫星数据地面接收系统之一,总体指标达到国际先进水平,部分指标达到国际领先水平。

2015年,经国务院批准,国家发展和改革委员会、财政部、国防科工局联合发布《国家民用空间基础设施中长期发展规划(2015—2025年)》,确定了我国未来10年空间对地观测的发展方向与目标要求,其中的数十颗国家投资的陆地观测卫星地面数据接收系统的建设和数据接收任务均由中国遥感卫星地面站负责承担。未来,地面站将进一步实现数据接收能力的大幅度提升,为国家经济建设、社会发展、科学研究不断做出新的贡献。

数据接收：打通天上人间的星地链路

章文毅

遥感卫星发射成功并进入既定轨道后，便开始用自己的遥感器对地球进行"拍摄"。那么，卫星拍摄到的数据如何回到地面、被人类感知？这就涉及遥感卫星地面站的运行工作流程。

简单地说，这一过程概括为运行管理、跟踪接收、数据记录及存储、数据传输、数据处理、数据服务"六步走"。本文重点讲述前四部分。

统一指挥，运行管理一体化调度

地面站的各项工作，如同一个交响乐队，只有通过"运行管理"组织乐队，控制演奏速度，保持作品结构与形式的统一，才能使乐队正确、统一地演奏完整交响曲。地面站运行管理系统就是负责总体指挥调度、控制各环节工作的中枢环节。

运行管理系统负责地面接收资源的调度管理，将众多卫星计划与地面站的接收资源(天线、解调器、记录器等)进行统筹规划和分配、形成任务，下发到各系统依序执行，并能对每轨任务的执行过程进行控制和跟踪。一个优秀的地面站，其运行管理系统一般会采用自动的任务规划技术和监控管理技术等。

跟踪与接收,捕获卫星下行信号

"跟踪接收"是遥感卫星与地面站天线之间依托电磁波这一通信媒介建立通信的过程。而两者建立通信的前提条件,是地面站能够在茫茫太空中"看到"并"听见"这颗卫星。

"看到"意味着地面站的接收天线能够不间断地"凝视"在太空中飞行的卫星,这需要地面站根据卫星的轨道根数准确计算出卫星位置,由此地面站控制的天线才能时时刻刻"瞄准"太空中飞行的卫星。

遥感卫星与地面站之间常用的通信频段包括S频段、X频段和Ka频段,信号以不同的频率和极化通过星地链路从卫星传输到地面站,地面站需要提前了解并在设备上设定所跟踪卫星的频率以及一系列参数,这样地面站的接收天线能够从太空中星群所发出的喧闹信号(声音)中分辨出(听见)这颗遥感卫星。

通过"看到""听见"的过程,地面站的天线实现了"跟踪接收"这颗遥感卫星。

天线接收属于"弱信号""大信息"。"弱信号"是指遥感卫星发射的无线电信号经过数百甚至数万千米的长途传输,有时还会遭遇云、雨等恶劣天气,到达地面站的天线时已经非常微弱,信号强度甚至比日常使用的手机信号还要低。"大信息"则是指接收的遥感卫星数据码速率很高,目前主流陆地观测卫星下行码速率高达千兆每秒。

为了能够更清楚地"听见"这些"弱信号",地面站的天线系统被设计成一种抛物面天线,抛物面天线由抛物反射面、副反射面、馈源组成,卫星天线"说出"的电磁波到达地面天线反射面,这些"弱信号"聚集在位于抛物反射面焦点的副反射面上,再经过副反射面聚集到天线的馈源,这样天线就可以收到最大的信号能量,"听清楚"卫星向地面"说的话"。

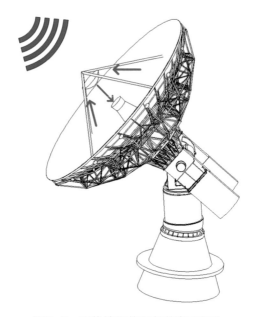

图3-5　天线馈源获取电磁波示意图

记录与存储，实现数据落地

　　地面站从接收下来的看不见、摸不着的卫星信号中提取出数据，不失真地保存下来，这是一个抽丝剥茧般的过程。首先，将获取的卫星下行信号进行解调器的实时解调与位同步处理，使其恢复成下传的数据码流信号；然后，解调器将基带信号采用二进制数据流形式进行打包，并按照约定的记录格式，将采集到的卫星下行数据相关身份和属性信息保存下来，从而实现遥感卫星的"数据落地"。

　　具体说来是"两步走"：其一是信号的接收，即天线接收到卫星发射的无线电信号后，通过馈线将信号传输至高频头。高频头是一个关键部件，包含一个低噪声放大器和一个下变频器,能够将卫星信号转换为较低的中频信号。其二是信号的处理,即中频信号被馈线传输至卫星接收机,卫星接收机包含一个调谐器和一个解调器,用于解调出原始信号。解调器将中频信号解调为基带信号,并将信号输出至数据记录设备。

汇集与分流,实现数据传输

卫星数据接收、记录等设备通常部署在多个不同的地理位置,而卫星数据处理、数据服务和运行管理系统通常部署在地面站总部的数据中心,这就需要将各地面站接收、记录的遥感卫星数据通过地面光纤网络汇聚到地面站总部的数据中心,供后续数据处理、数据编目、数据存档等系统使用。数据传输采用网络通信协议(TCP/IP),一般分为实时或近实时的数据流传输和文件传输。卫星数据传输到地面站总部后,后者就可以对来自地面站的遥感卫星数据进行图像恢复处理、数据存档、数据加工、数据产品分发与服务。

中国遥感卫星地面站大家庭的构成

与大多数的国际地面站相比,中国遥感卫星地面站不但卫星接收数量遥遥领先,而且具备了S、X、Ka三频段卫星下行数据接收、高码速率接收(X频段最高支持2*800Mbps、Ka频段最高支持4*1.5Gbps)、高动态及低信噪比的卫星信号快速捕获与跟踪、多颗国内外卫星数据的实时记录、快视、传输等能力(最高能够支持5通道总计3000Mbps的数据记录),接收技术处于国际领先水平。

以下是目前这个大家庭中位于天南地北的几个"兄弟":

密云卫星数据接收站。1986年建成并投入运行,现拥有8套12米数据接收天线系统、1套11米数据接收天线系统、2套7.3米数据接收天线系统,以及配套的数据接收、记录和数据传输设备,接收范围覆盖我国中部、东北地区及相邻东北亚地区。

喀什卫星数据接收站。2008年建成并投入运行,现拥有11套12米数据接收天线系统、1套7.3米数据接收天线系统,以及配套的数据接收、记录和数据传输设备,接收范围覆盖我国西部以及中亚等区域。

三亚卫星数据接收站。2010年建成并投入运行,现拥有7套12米数据接收天线系统及配套的数据接收、记录和数据传输设备,接收范围覆盖我国南海以及东南亚等区域。

昆明卫星数据接收站。2016年投入试运行,目前拥有1套7.3米数据接收天线系统,接收范围覆盖我国西南以及周边地区。该站不久将迁入丽江新园区。

北极卫星数据接收站。位于瑞典基律纳,2016年建成并投入运行,目前拥有1套12米数据接收天线系统,接收范围覆盖北极、欧洲,主要用于支持应急响应和全球观测数据的快速获取。

图3-6　密云卫星数据接收站

图 3-7　三亚卫星数据接收站

图 3-8　北极卫星数据接收站

遥感定标：让遥感数据"斤斤计较"

明峰　历华　张浩

遥感卫星在轨运行后，如何保证对地表信息看得清、测得准？第一步就是要利用遥感定标对卫星观测数据进行校准，减少由于载荷在轨性能变化带来的观测误差。正所谓"大海航行靠舵手，精准观测靠定标"，定标是开展遥感应用尤其是定量遥感的关键环节。

定标，遥感数据定量化的标尺

为什么要做"定标"？遥感卫星发射前，研发人员通过对遥感器的几何特性和辐射特性参数进行实验室的绝对定标，能够做到对遥感器成像系统的几何和辐射性能"心中有数"。遥感卫星发射后，遥感器在运行期间会受到太空环境以及自身性能变化等影响。为了及时反映这些变化，更真实地反映遥感图像与实际地物真实位置和物理量间的关系，遥感器必须进行在轨定标。

定标，就是将测量基准的"标尺"传递到遥感图像上，不确定"标尺"的传递过程，就无法对观测对象进行准确测量。因此，定标是定量遥感的技术基础，精确定标是形成高精度定量遥感产品的基础及关键。

不同定标方式：追本溯源，还原真实

遥感定标通常是将遥感器获取的观测数据与对应观测地物的地面位置和入射到遥感器的真实物理量建立起定量关系的过程，这两个过程分别对应几何定标和辐射定标。

以光学遥感器为例，几何定标通过确定遥感器内外方位元素、光学畸变差，还原目标的真实位置、形状等几何信息，最终提高图像的几何定位精度。

辐射定标则通过确定遥感器的辐射定标系数，将遥感图像的灰度值转换为辐射值，从而定量地刻画入射到遥感器的地物目标辐射特性。

遥感成像过程复杂，并且遥感器在轨运行过程中不可避免会发生几何和辐射性能方面的变化。要准确掌握遥感图像与所代表的地物真实几何位置、辐射（或散射）值之间的关系，工作人员就需要在遥感器发射前和在轨运行时进行几何和辐射定标，解决"测得准"和"看得清"的问题。

不同类型遥感器定标：量体裁衣，方法各异

辐射定标的手段包括发射前的实验室定标和在轨运行时的星上定标、场地定标及交叉定标等。针对不同遥感器的观测波段和工作模式，工作人员可综合采用多种不同的辐射定标手段。

以光学遥感辐射定标为例，发射前定标是为了确定遥感器数字记录值与入射到遥感器辐射能量的对应关系。具体做法是在实验室可控条件下，通过已知辐射强度的标准灯源（模拟太阳光）照射积分球，通过遥感器对积分球内部进行观测，从而得到遥感器各波段的辐射定标系数。

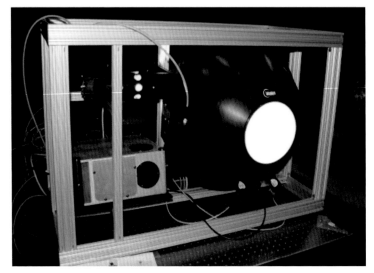

图3-9　用于光学遥感辐射定标的积分球

　　发射后的星上定标有定标灯定标、太阳定标和月球定标等方法,其实质就是通过定期观测这些已知辐射强度的标准光源,得到能够反映遥感器性能变化情况的辐射定标系数,从而校准图像数值。场地定标则利用大气干洁、地表均匀开阔的地面定标场,在卫星过顶时进行星、地同步测量,利用大气辐射传输模型计算入射到遥感器的辐射能量,从而对遥感器进行辐射定标。

　　又如热红外遥感辐射定标,目的是确定遥感器观测值与目标发射辐射量值的对应关系。由于红外辐射强度很大程度上取决于温度,热红外遥感器的发射前定标和星上定标都利用温度可控的标准黑体(发射率接近1)。工作人员在星上定标时会同时利用遥感器观测深邃的太空,用深冷空间作为低温目标的参照,结合黑体热源的观测结果,以获得更好的定标效果。

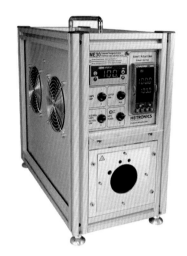

图 3-10　用于红外遥感辐射定标的黑体

热红外遥感器的场地定标一般选取高海拔、大气干洁、温度和发射率均匀的水体作为定标场,这样可以尽可能地减少大气影响并保持定标源最大程度的温度均一性。

又如合成孔径雷达(SAR)定标。SAR是主动发射电磁波,利用接收到的反射信息进行成像的主动遥感技术,其辐射定标包括内定标和场地外定标。内定标利用系统内部设备将定标信号注入雷达数据流,进而校准温度和设备状态变化引入的误差。

SAR场地外定标过程包括绝对辐射定标和天线方向图测量(用于相对辐射定标)。其中,绝对辐射定标依靠地面提供已知雷达截面积(或散射系数)的目标作为标准参考源,常用的有无源角反射器和有源定标器,虽然它们的研制成本相对较高,但可提供较高精度的雷达截面积参考值。天线方向图测量又分为方位向天线方向图测量和距离向天线方向图测量。其中,通常采用地面接收机测量方位向天线方向图,利用大范围的散射特性均匀的分布目标(主要是亚马逊热带雨林)从图像上测量距离向天线方向图。

图3-11　空天院研制的不同型号有源定标器

遥感定标场:为场地定标寻找合适的"家"

场地定标是遥感器在轨定标的重要方式,其对地面参照目标的辐射、光谱、几何特性有着特殊要求。遥感定标场承载地面参照目标,通常要求场地地面相对平坦、均匀性好、稳定可靠、面积较大,以尽量减少周围地物和地形影响;在进行几何定标时,还要求地面参照目标具有明显的几何纹理特征。

近年来,高分辨遥感的发展为多类型参照目标集中于同一个定标场、开展不同载荷的综合定标提供了契机。由空天院牵头研建、位于内蒙古包头市的国家高分辨遥感综合定标场(包头场)即是一个常态化运行的空天共用遥感综合定标场。包头场自"十一五"期间开始研建,目前已形成集辐射/光谱/几何特性测量于一体、具备可见光—微波谱段多种遥感器场地定标的支持能力。

包头场的地面参照目标独具特色,其采用不同反射率的天然砾石构建光学固定人工靶标,综合考虑了国内外卫星过境时最佳的测量角度、光谱区分度等因素,在确保目标稳定性的同时,提供动态范围内多点测量结果,有效提升了定标结果的准确性,并可实现辐射定标/动态范围/响应线性度/调制传递函数/信噪比等光学遥感器性能的同时评测。同时,包头场基于粗糙度后向散射差异设计研制了我国首个光学与微波复用的图像分辨率评价固定靶标,实现了符合人眼视觉效果的SAR图像分辨率常态化评测。

为了实现常态化的卫星场地定标,包头场研制了地面光谱、大气特性的地面真值自动化采集技术系统,并解决了外场复杂工况辐射测量实时校准、邻近效应影响等问题,构建了载荷无关大气层顶光谱反射率产品生产系统,实现卫星每次过境只要天气条件允许均可定标,确保了不同卫星载荷辐射定标结果的一致性。

目前,包头场已通过国际卫星对地观测委员会的全球自主辐射定标场网(RadCalNet)国际比对测试,正在与欧空局、美国国家航空航天局、法国空间研究中心、英国国家物理实验室合作开展全球自主辐射定标业务化服务。光学固定人工靶标、微波/光学复用条形靶先后列入调制传递函数(MTF)性能评价永久靶标库、全球SAR载荷定标标准目标库,包头场也成为国际知名地标。

图3-12　包头场固定式人工靶标

数据处理：从难懂的信号到精准的图像

何国金　龙腾飞　王桂周

为了让照片更好看，人们常常利用 Photoshop 等软件进行美化处理，人们常称这个过程为"P图"。遥感数据处理也可以通俗地用"P图"来比喻。当然，遥感数据处理过程更复杂，大体包括光电转换、几何校正、图像恢复、图像增强、图像镶嵌等步骤。

多重转换，从数字信号到模拟图像

遥感图像的成像过程大致分为两个环节：模拟信号转换为数字信号的过程和数字信号转换为模拟图像的过程。

首先，使用不同的遥感器探测地物反射、散射或发射的电磁波辐射，并通过光电效应将这些连续的模拟信号转化为离散的数字信号进行编码。这个过程称为"模—数转换"。

接下来，这些数字信号通过无线电波传输到地面站。地面站接收到这些由"0"或"1"组成的二进制数字信号后，利用地面处理系统对其进行解码，解析出相应的地物电磁波辐射信息，并将这些信息转换回模拟图像的形式。这个过程称为"数—模转换"。

以常见的多波段光学遥感图像为例，遥感数字信号经过一系列数学运算和图像处理，被转化为不同波段的数字灰度图像。然后，任意三个灰度图像分别进入红、绿、蓝通道，就可以组合成一幅彩色数字图像。最后，通过显示器或打印机，数字图像就能转换为人眼可以认知的模拟彩色图像。

总的来说，这几重转换就像是一个翻译官，它将复杂的物理信号转化为直观的视觉语言，让我们以更生动易懂的方式呈现遥远的地理景象。

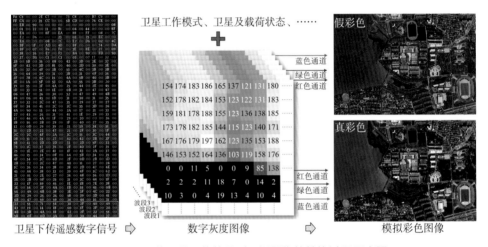

图3-13　从卫星下传信号到可视图像的转换过程示意图

几何校正，让地物位置更准确

受拍摄过程中透视变形、地形起伏等多种因素的影响，遥感图像中物体的位置和形状会发生变化，从而影响我们对遥感图像的分析和应用。在这种情况下，我们无法准确测量物体的距离、面积和方向，无法比较和融合不同时间或不同遥感器拍摄的图像，无法将遥感图像与地图或其他数据匹配和整合，等等。为恢复物体的真实位置和形状，需要进行几何校正。

　　基本的系统几何校正过程如下:根据成像物理和内外部参数建立描述遥感器与地面目标之间几何关系的成像模型,利用该模型将图像坐标转换为地面坐标,使图像具有明确的坐标系统和投影方式。内外部参数分别指焦距、扫描角度和速度等遥感器信息和轨道高度、倾角、翻滚角和偏航角等遥感平台信息。

　　然而,由于参数误差和地形起伏的影响,系统几何校正后的图像仍可能存在几何偏差。为此,还需要利用地面控制点修正成像模型,并结合地形数据修复地形起伏引起的变形。这种加入控制点和地形数据的几何校正称为正射校正,可使遥感图像具有更准确的空间信息。日常生活中接触到的导航地图软件中的遥感图像大多经过正射校正。

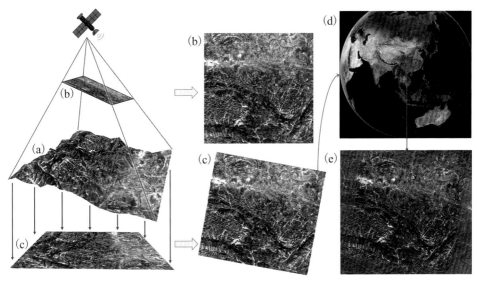

图3-14　遥感图像正射校正过程示意图。(a)表示带有地形起伏的真实地球地表,(b)表示遥感卫星拍摄的原始图像,(c)表示经过正射校正后的具有准确地理坐标和投影信息的正射图像,(d)和(e)表示正射图像与地球模型或其他空间数据叠加的示意图

空天之眼

图像恢复，还原图像真面目

遥感图像采集、传输、转换和处理过程中，成像系统、记录设备、传输介质和处理方法的不完善，常常会导致图像质量下降，无法满足实际应用中对高质量图像的需求，于是研究人员提出一系列方法尽可能恢复图像的"本来面目"。

遥感图像复原技术的原理是针对图像的退化原因设法进行补偿。首先要找到遥感图像退化的原因，进而建立图像退化的数学模型，再根据模型进行推算，利用图像退化的逆过程去恢复原始图像，使复原后的图像尽可能接近原图像。

遥感器在接收来自地面目标物的电磁波能量时，常受遥感器性能、大气作用以及地物光照条件等因素的影响，使得遥感器的探测值与地物实际的辐亮度存在误差，导致遥感图像出现灰度失真。辐射校正的目的就是修正或消除因辐射误差而引起的图像畸变，尽可能恢复遥感图像的本来面目。遥感图像辐射校正通常包含绝对辐射校正、大气校正、地形及太阳高度角校正三个方面。

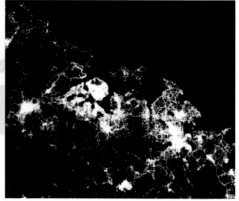

图3-15　带条带噪声的卫星图像(左)与经图像恢复后的图像(右)

另外,受成像系统存在偏差、遥感器拍摄姿态、扫描的非线性、遥感器与物体的相对运动等因素影响,遥感图像也常常存在点状或条带噪声,质量受到影响,这会给后续遥感数据的处理和应用带来困难。这种情况可以通过滤波器等技术减少图像中的噪声,从而提高图像的质量。

图像增强,让图像更"好"看

遥感图像增强处理可以提高遥感图像质量,改善图像视觉效果或突出图像中的特定地物信息,使图像更容易理解和判读。遥感图像增强的手段有很多,包括彩色组合、灰度调整、边缘增强、图像融合、超分辨率处理等。

以彩色组合为例,通常遥感器可获取单个到几百个波段的遥感图像。单个波段影像是黑白的。彩色合成的方法是指对多个波段进行组合显示,以得到多种类型的彩色图像。因为人眼辨别由黑到白的灰阶只能到20级左右,而辨别色彩可以达千万种,所以彩色合成后将大大提升人们对遥感图像的目视判读能力。

彩色图像可以分为真彩色图像和假彩色图像。如果参与色彩合成的3个波段图像的波长与对应的红、绿、蓝3种原色的波长相同或近似,那么合成图像的颜色就会近似于地面景物的真实颜色,这种合成就是真彩色合成。如果两者不同,那么合成图像的颜色就不是地面景物的真实颜色,这种合成就是假彩色合成,假彩色合成的图像可以突出显示某种地物类型,以便人们更容易地识别。

高分七号卫星真彩色合成图（RGB-波段321） 高分七号卫星假彩色合成图（RGB-波段432）

高分七号卫星假彩色合成图（RGB-波段342）

图3-16　同一区域、不同波段组合的彩色合成结果

图像镶嵌，高精度图像"缝纫"

一幅遥感图像的覆盖范围是有限的，当我们想要获得地球上较大区域的"大地照片"时，通常需要把多幅遥感图像拼接在一起，这时，独特的"裁缝师"——遥感图像镶嵌技术就可以大显身手了。

遥感图像镶嵌也称遥感图像拼接，是将两幅或多幅遥感图像（有可能是不同时间、同一卫星获取,也可能是不同时间、不同卫星获取)有机地裁剪、拼接在一起,使之构成一幅覆盖范围更大图像的技术过程。

　　首先,"裁缝师"要检查每幅图像之间的接边是否对齐。如果存在对不齐的问题,几何校正这位机械师就会出马,将每幅图像之间的位置做到严丝合缝,保证"布料"不错位。其次,要检查每幅遥感图像的亮度、颜色是否一致。如果每幅图像的亮度、颜色差异比较大,就需要匀色工程师出马,按照统一标准来调整每幅图像的亮度和颜色。缝纫线怎么走、走在哪也是很有讲究的,"裁缝师"需要凭借多年的经验进行每幅图像的裁剪、走线和拼接,最终完成大幅的遥感图像。

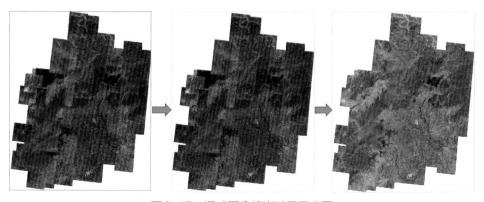

图3-17　遥感图像镶嵌过程示意图

真实性检验：遥感产品的试金石

高海亮　顾行发　周翔

随着遥感技术的发展，遥感已从简单的目标识别，即"是什么"的定性阶段，发展到对地表状态的定量估算，即"怎么样"的阶段，也由此带来了一个新的挑战，即遥感产品"准不准"的问题。

"真实性检验"工作，解决了这个问题。

不可或缺的真实性检验

一般来说，遥感产品包括卫星观测下传的原始数据产品，经几何和辐射校正的遥感基础产品，经遥感模型反演的具有明确地学含义的遥感共性产品，以及为行业应用提供决策支持信息的遥感专题产品。

无论是哪一类产品，都离不开真实性检验。真实性检验就是采用独立的方法获取地面实测数据、机载数据、高分辨率卫星遥感数据等代表地面真值的参考数据，通过参考数据和遥感产品的对比分析，实现遥感产品（如地表反射率、地表温度、植被指数、水体悬浮物浓度等）的精度验证和不确定性评价，从而保证其质量和可信度。

真实性检验理论研究的关键技术主要包括场地甄选和地表异质性度量理论、优化采样理论、尺度转换理论、真值获取不确定度分析等。

为可靠的应用保驾护航

真实性检验的主要目的是确认遥感产品与真实情况的相符程度,以及产品在生产和处理过程中是否存在误差和异常,以满足用户的需求和期望。

真实性检验是定量遥感产品的试金石。通过这一环节,研发人员可以发现和修正遥感产品中的误差和错误,筛选和排除不良数据,提高产品的质量和可信度,为用户提供更为准确和可靠的遥感信息与数据,使遥感产品真正成为可靠的信息源。

真实性检验是改进遥感产品算法的依据。通过这一环节,研发人员可以发现遥感产品生产过程的各种问题,通过对遥感产品不确定性来源的分析,改进遥感产品生产过程,提高遥感产品定量化水平,助力遥感科学的进步和发展。

真实性检验技术为遥感应用落地保驾护航。遥感产品的反演过程是一个充满不确定性的过程,受载荷性能、辐射定标、数据处理水平和模型适用性的影响,其定量遥感产品的精度存疑。只有通过真实性检验,研发人员才能向用户证明其产品的可信度,保障遥感产品的质量和可信度,为遥感定量应用的落地和扩展提供依据。

当前理论与技术发展现状

在遥感技术发展的早期,真实性检验技术就得到国际的关注和重视。欧美发达国家在每个卫星发射升空后,都会花费大量的时间和经费开展在轨测试,对卫星载荷性能和遥感产品进行真实性检验,以保障数据产品的质量。

国际地球观测卫星委员会在1984年成立定标和真实性检验工作组,开始在全球范围开展真实性检验的研究。美国国家航空航天局于21世纪初成立了MO-

DIS陆地产品真实性检验小组，对MODIS遥感器的各种全球陆地数据产品进行系统的真实性检验。2000年，国际地球观测卫星委员会新设立了陆地产品真实性检验小组，并制定了陆地遥感数据产品真实性检验的标准指南与规范，促进了陆地遥感产品真实性检验相关数据和信息的共享和交换。2005年，陆地产品真实性检验小组提出了BELMANIP计划，开展多遥感器数据产品间的交叉检验工作。欧空局于2000年后也启动了VALERI欧洲陆地遥感器验证计划，对MODIS、VEGE-TATION、MERIS、POLDER和AVHRR等遥感器生产的陆地遥感数据产品进行真实性检验，涉及的遥感产品包括反照率、植被覆盖度、叶面积指数、植被光合有效辐射吸收系数等。

我国也非常重视遥感数据产品真实性检验的相关工作。自2000年开始，在国家"973"、"863"等系列国家级科研项目的支持下，研发人员在真实性检验理论方法、技术体系等方面取得了系列成果。中国科学院建成了由河北怀来、长春净月潭、甘肃黑河和内蒙古呼伦贝尔站等组成的中国遥感产品真实性检验台站网络原型（中国科学院真实性检验台站网络），通过联网协同开展星机地同步观测试验，形成了我国的真实性检验站网雏形。

可实现业务化观测的空基与高分真实性检验站网

近年来，我国对真实性检验工作投入日益增多，先后建成了由48个站点组成的空基真实性检验站网和42个站点组成的高分真实性检验站网。其中有20余个站点既属于空基站网，又属于高分站网。

依托空基和高分真实性检验站网，目前我们已开展几何、辐射、植被、水体和大气参量等多种参数的长期业务化观测，并且每年组织开展4次大型综合实验。截至2022年，已开展20余次综合实验，获取了大量星地同步数据。同时，基于真实性检验站网近几年的长期连续观测,全国叶面积指数自动观测网数据集、全国土壤水分自动观测数据集、全国大气气溶胶自动观测数据集和全国典型地物反射率数据集等多参数、多尺度地面观测数据集已形成,为下一步卫星产品的验证和评价提供了大量数据支持。

系列遥感实验推动了我国真实性检验理论与方法的日渐成熟。从地面关键参量单点观测,快速发展到像元"真值"多尺度组网观测,系统性形成了从遥感观测到像元真值的遥感产品真实性检验技术链条,并开展了真实性检验系列标准规范的建设。自2012年开始,历经10年,我国先后发布实施了3项总体标准,以及植被指数遥感产品真实性检验等12种单项产品真实性检验国家标准。

定量遥感：遥感技术进阶式

张颢　闻建光　柳钦火

遥感技术最初主要用于图像判读，即定性描述。20世纪90年代开始，立足于用数学物理模型描述地物与电磁波相互作用机理，人们开始寻求通过遥感接收的电磁信号定量地描述地表特征，这也是一个广义的遥感数据"处理"过程，即从定性描述转变为定量表达、并应用于定量分析。相较于定性的描述，定量的刻画和应用更是自然科学的关键所在。

定性到定量，由"能看"到"看准"

20世纪70年代以来，卫星遥感主要采取垂直观测方式，以获得地表二维信息，对获取的数据则基于地面目标漫反射的假定，作一些简单校正后利用地面目标的光谱特性进行地表分类或经验判读。早期遥感的应用，更多地基于定性描述，也就是通过可视的颜色、纹理、形状、大小等要素对地物的各种属性进行推断及应用。但是，随着需求的发展，定性遥感越来越难以满足科研和应用的需求。

例如，卫星遥感通过云图可以很直观地显示各种气团的运动趋势，但中、长期天气预报的准确性仍无法令人满意。其主要原因之一就是在大气动力学模型中，影响地面和大气温度的大气下垫面反照率和影响气流运动的粗糙度这些量化的信息十分重要，而定性的分析显然不能满足这个需求。

很自然地,人们开始着眼于通过遥感的方式获取地物更多量化信息的研究,并期望定量遥感能承载更多的应用需求。

什么是定量遥感?对应于定性遥感而言,定量遥感是利用地物反射或发射的电磁辐射,推演得到地物某些特征定量化描述的手段。通俗地说,就是在遥感获取的各项电磁辐射信号基础上,通过数学或者物理的模型,将遥感信息与观测地表目标联系起来,定量地反演或推算目标的各种自然属性信息。

定量遥感有什么优势?以全球气候变化研究为例,在全球气候变化研究中,定量的遥感数据产品起着至关重要的作用。它们不仅能够作为输入参数集来驱动数值过程模型运行、评价和验证其模拟结果,还可以通过适时的输入更新结合数据同化的方法确定过程模型的某些状态变量或者参数,以提高不同时空尺度的碳、水、氮通量等模拟精度并进行预测。在行业部门的各种业务应用中,各种评估对量化指标的旺盛需求,也对遥感的定量化提出了更高要求。

做好不易,模型构建与参数反演皆是难关

如前所述,遥感应用水平要提高,定量遥感是必由之路。

但是,定量遥感要达到精准很难。它的精确度主要取决于前向模型构建和参数反演两方面。

什么是前向模型构建?想要搞明白它的原理,我们先来看古人的一句诗:"夕阳返照桃花坞,柳絮飞来片片红。"中国科学院院士李小文曾这样诠释:柳絮明明是白的,为什么诗人观察到柳絮是红的呢?这可能是三个原因导致的。其一是太阳照射和观测角度:傍晚的太阳光穿越大气的光学路径较长,短波段散射严重,导致直射光偏红。其二反映了地表参数的特征:桃花坞里桃花灼灼,形成一个红色的下垫面,导致反射光偏红。其三是反映了气溶胶的特性:柳絮本身容易使光

线发生全波谱反射,此时反射偏红,因此柳絮仿佛也成了片片红。

　　而我们构建前向模型,就是要把信号的光谱、像元对应的空间范围、成像时间、太阳照射和观测的角度关系、极化特性、描述大气特性和地表特征的参数集,都综合在一个数学表达式中,来描述遥感器接收到的辐射信号。

　　建模是定量遥感反演的前提条件和基础,而电磁辐射穿越大气、植被,到达土壤,再反射穿越植被、穿越大气,到达卫星遥感器的遥感成像过程的复杂性,使得数学模型描述变得极端困难。

　　反演的过程则是建模的逆过程,也就是通过遥感观测的电磁辐射信号逆推估算大气或陆表特性参数集的过程。理论上说,我们通过多个观测解方程组的方法可以得到感兴趣的地表特性的定量信息。但"理想很丰满,现实很骨感",地表太复杂,而遥感观测得到的信息总是有限的——这就好比盲人摸象,很多信息都是有限的、孤立的,人们要想获得准确认知,需要对获得的信息进行融合、积累和综合。因此,人们一直在试图寻找更好的办法来解决问题,比如利用先验知识、时空约束、多阶段反演、最优化反演等。

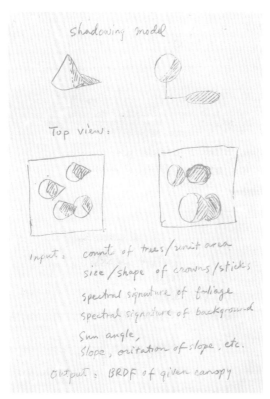

图3-18　李小文院士构建GOMS几何光学模型的手稿

水平如何？我国保持国际领先，未来仍要加油

我国定量遥感研究起步于20世纪90年代，在李小文院士等科学家的推动下，一直保持在国际领先地位。随着我国航天事业的蓬勃发展、行业部门对遥感技术产生日益旺盛的需求以及遥感科技工作者对学科发展的不断推动，我国将努力从定量遥感大国向定量遥感强国稳步迈进。

未来中国定量遥感研究可以着重考虑以下几个方面：

更加重视我国自主卫星研制计划中明确科学目标的提出。目前，国产卫星的研制大体仍然处于模仿和跟跑的状态，在卫星观测模式、载荷设置、载荷成像（观测）体制等方面仍有大量模仿的痕迹。固然，对业务运行的卫星而言，这意味着更稳定、更可靠和更多可复用的数据。类似可持续发展科学卫星1号、碳卫星、水卫星等由科学家用户以特定科学问题为驱动的卫星计划应该更多地被支持。

同时，应更加重视国产卫星数据产品面向国际用户的开放。经过分别负责载荷研制、地面验证、国产卫星共性产品生产等多方人员的共同努力，国产卫星数据定量产品的质量稳步提升，可面向全球开放共享，这既是我国科技自信的表现，也是通过吸引更多国际用户使用产品从而提升我国遥感卫星产品国际影响力的具体途径。

再者，应更加重视定量反演的"两端"。地表辐射前向模型是进行定量遥感反演的基础，我国在地表辐射前向模型的改进、集成和应用方面居于世界前列，但在针对复杂场景、新成像体制、新遥感模式的前向模型提出方面还需要更努力。定量遥感反演产品直接面向科学家用户和行业用户，和其他市场化的产品和服务一样，产品使用说明、对用户的技术支持等均需要同步提供，以使各类用户获得更好的用户体验。

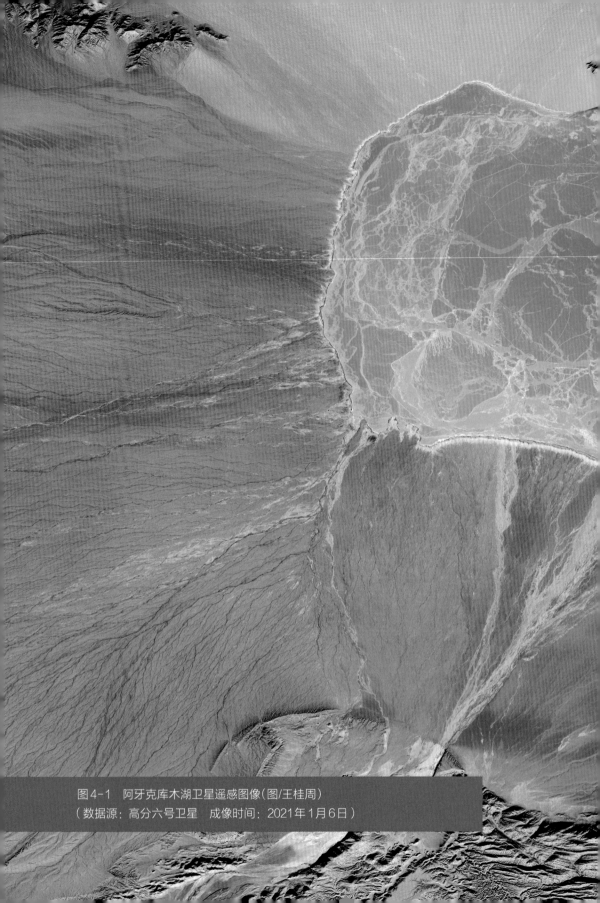

图 4-1　阿牙克库木湖卫星遥感图像（图/王桂周）
（数据源：高分六号卫星　成像时间：2021 年 1 月 6 日）

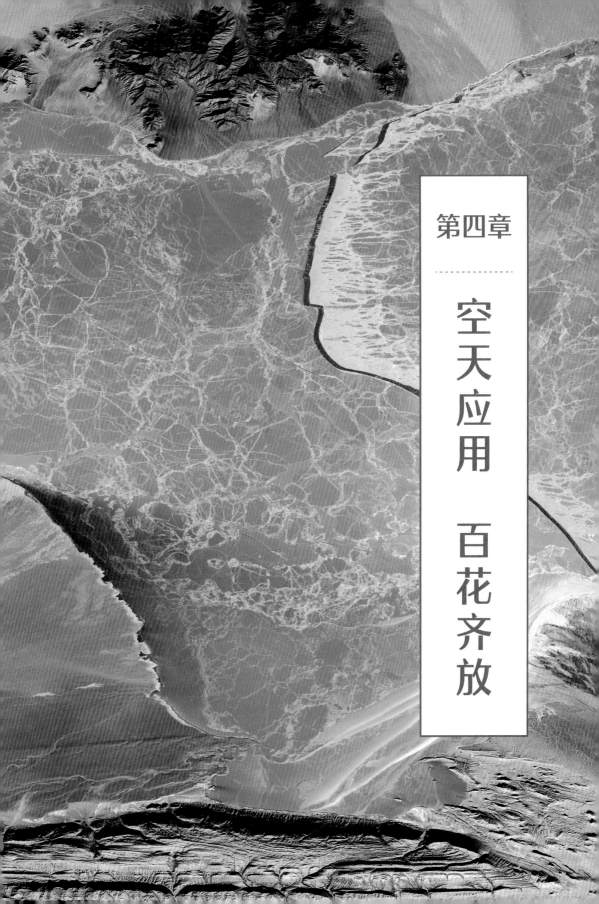

第四章

空天应用　百花齐放

从逐梦星辰大海到飞近寻常百姓，如今的空天信息应用已涵盖国民经济和社会发展的方方面面，成为各行各业不可或缺的『眼睛』。

城市遥感：城市变迁见证人

汪潇　刘芳　左丽君

城市是有生命力的，它凝聚了高密度的社会经济活动。一座城的成长，往往折射了一个国家的发展历程。基于遥感与地理信息系统技术，科学家不仅见证了这一切，还重现了典型城市半个世纪以来的时空变化。

遥感见证典型城市扩展等土地利用情况变化

城市扩展是中国城市化过程最直接的表现形式，是国内外资源环境与城市发展研究的热点领域。空天院以遥感和地理信息系统为技术依托，面向国家经济建设和生态环境保护的需求，在全国范围资源环境遥感应用领域，以土地利用、土地覆盖、土壤侵蚀等为主要内容，开展系列调查、监测、分析和评估研究。在此基础上，空天院重点聚焦城市这一人类活动高度集中区域，持续开展中国城市扩展遥感监测研究，于2006年率先完成中国省（自治区）省会（首府）、直辖市和特别行政区自20世纪70年代至2005年长时序、高频次的城市扩展遥感监测。

2010年，为对比不同行政级别城市的时空扩展特征，研究人员增加了唐山、大连、厦门等24个城市，将城市监测个数扩充至60个，并接受中国发展研究基金会邀请，开展了中国城市扩展时空特征分析，助力于"促进人的发展的中国新型城市化战略"的制定；研究成果纳入《全球生态环境遥感监测2013年度报告》，阐

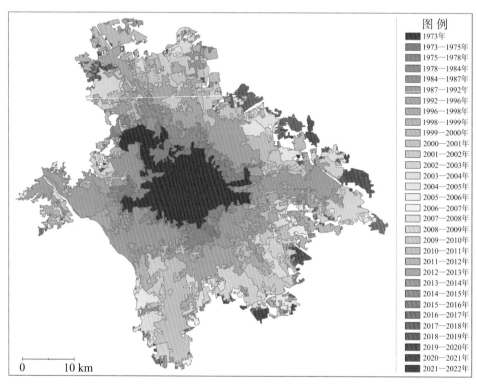

图4-2 1973—2022年北京城市扩展的遥感监测结果

述了中国主要城市扩展遥感监测时空特征。

2016年,为系统分析不同人口规模城市的时空扩展差异,研究人员又将延安、邢台和北海等15个城市列为监测对象,城市监测个数至此扩充至75个。之后研究人员持续开展75个城市扩展的年度监测。与此同时,相关监测与分析结果作为《遥感监测绿皮书——中国可持续发展遥感监测报告》主报告,先后在遥感监测绿皮书2017、2021和2022年度系列专著中发布,受到社会广泛关注。

2021年,研究人员基于此项研究参与由自然资源部牵头的中国城市空间扩张分析工作,成果得到业界认可,为中国国土空间规划实施监测评估预警制度机制研究提供了科学参考。

构建长时序与高频次动态数据库

城市扩展信息提取方法种类繁多,主要可以归纳为专家解译和自动分类两种。前者出现得较早,是专家根据专业经验和知识,建立不同地物类型在遥感影像上的判读标志,进而获取目标信息的最直接、最基本方法。这种方法耗时且主观,需要判读者具备对复杂地物和变化过程的丰富解译经验,但该方法更成熟、更精确,能够保留土地利用类型转变过程,在分析城市扩展对局部土地利用的影响以及区分城市内部不同土地利用类型上具有得天独厚的优势。后者出现的时间略晚,旨在利用计算机自动分类方法将图像解译人员从繁重的解译工作中解放出来,同时避免专家解译造成的主观性。通过该方法进行信息提取,效率得到显著提高,说明该方法尤其适合区域尺度的研究;但该方法容易受到影像质量、异物同谱、同物异谱等现象影响,在长时序、高频次、大规模城市扩展监测中的通用性稍差。

研究人员采用专家解译的方式提取城市扩展信息,保证了全国尺度城镇用地信息提取的精度,最终完成了75个典型城市20世纪70年代以来的长时序、高频次城市扩展监测。监测成果采用现状数据库和动态数据库同步建设的方式,全面展示了不同土地利用类型转变为城镇用地的过程,有利于研究人员从区域土地利用整体的角度分析城市用地规模变化和影响,同时支持以重点解剖的方式开展区域土地利用研究。

空天之眼

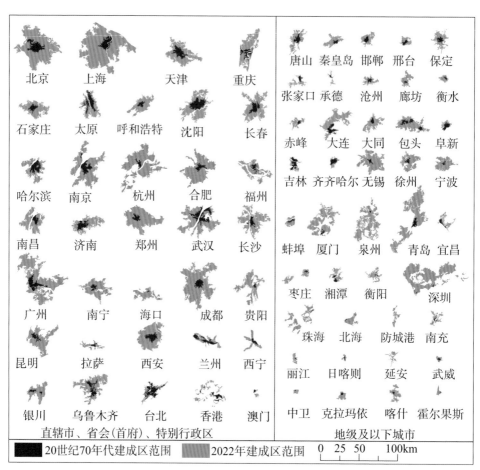

图4-3　20世纪70年代和2022年中国75个主要城市面积对比

图4-4 20世纪70年代至2022年我国75个主要城市扩展占用各类土地面积比例

时空演变规律助力国土空间格局优化

长时序、高频次的城市扩展监测数据不仅"绘制"了典型城市的成长历程,还帮助研究人员系统、全面地揭示了中国城市扩展的时空规律及驱动机制,进而从城市行政级别、人口规模、区域分布等多个角度剖析城市扩展差异。

结果显示,近50年来,中国城市扩展具有普遍性、阶段性和波动性等特点;城市扩展与重大政策实施和国家战略部署具有时间一致性,能够清晰地反映"西部大开发""中部崛起""新型城镇化"等国家重大战略对城市用地的影响。此外,不同时期不同类型城市扩展对耕地占用的情况显示,城市扩展对耕地保护造成了持续性的压力。不同时期耕地对城市扩展的贡献率在50%～70%之间波动,整体上呈现比例降低趋势,反映了国家在控制建设用地占用耕地相关政策的成效。监测和分析成果引起业界广泛关注,为我国新型城镇化及粮食安全相关政策制定、为优化国土空间格局及国土空间纲要编制提供科学数据基础。

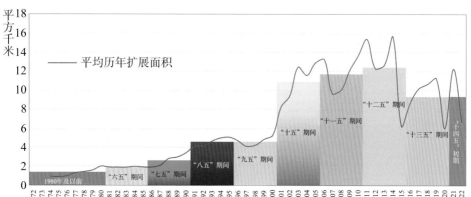

图4-5 多个五年计划期间我国75个主要城市扩展速度

持续监测与技术创新

半个多世纪以来,我国在推进城市扩展遥感监测领域的道路上快步前行,在数据源获取、数据库构建、监测和建模等方面从最初的引用发展到现在的改进、创新和自主研发,并在构建长时序、高频次城市扩展研究方面取得重大进展。

未来,研究人员仍将对中国城市进行持续监测、适时增加监测城市数量,并结合自主建设的中国土地利用、土地覆盖和土壤侵蚀等时空数据库,实时、全面地展示改革开放以来中国城市扩展及其区域影响全貌;与此同时,还将基于高分辨率遥感数据,开展城市内部土地分类研究。

此外,研究人员探索将人工智能与大数据分析结合的方法,在确保准确率、兼顾城市扩展对局部土地利用的影响等方面的同时,进一步提高信息提取、分类效率。

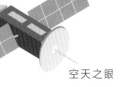

农业遥感：粮食估产公平秤

张淼　吴炳方　曾红伟

　　预测粮食作物的长势及其产量,对于国家粮食宏观调控与决策、实现国家粮食产业稳健发展、保障国家粮食安全具有重要意义。尤其是面对风云变幻的全球粮食期货市场,我国更需要便于自主获取的及时、准确的全球粮食生产形势信息。

　　遥感技术具有快速、宏观、动态、准确等优点,为粮食长势监测和产量预测提供了有效的手段。

组合拳实现农作物遥感估产

　　农作物遥感估产指通过分析卫星等多种遥感平台观测到各种农作物不同生育期的电磁波信号,经过数据处理与分析,实现地表农作物类型识别、作物生长状况监测和作物产量预测的一系列方法。作物种植面积、生长状况和产量监测预测是农作物遥感估产的三大核心功能。

　　其中,种植面积遥感监测相当于用卫星对农田做"CT扫描",卫星在"扫描"农田方面表现出的宏观性和快速高效特征使其能够便捷地在较大区域上确定每块农田种植何种作物,并测算作物种植面积,相当于获得了农田的"面相"。作物生长状况监测需要用卫星遥感数据透过"面相"看"健康"状况,以正常年景的作物生长状况为标尺,判定不同生育期作物长势比常年好还是差,并进一步划分长势好坏等级,从而客观反映作物土壤、水热条件、养分供应、管理等综合作用结果。作物单产遥感监测则依赖气象资料、土壤状况和遥感光谱特征等,利用回归模型、作物生长模型、生物量—收获指数模型和数据驱动模型等多种技术,实现对地表以上部分作物"体重"的测算和作物单产的监测。

　　按照上述手段,综合判断作物面积、作物单产与生长状况,实现作物产量的遥感监测。

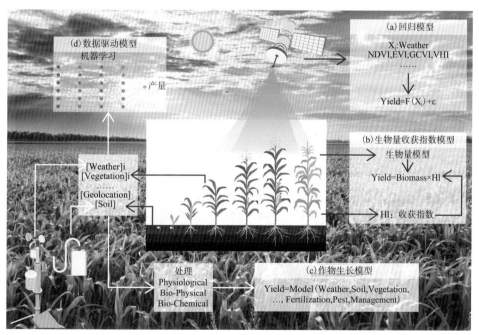

图4-6　作物单产遥感监测

业务系统研发为国家粮食安全提供信息保障

自"九五"计划初期,空天院已开展遥感估产研究,并在中国科学院和国家计划委员会(现国家发展和改革委员会)相关计划的支持下,于1998年初步构建了中国农情遥感速报系统(CropWatch),当年实现了全国范围的农作物长势和产量监测。同一年,我国遭遇特大洪水灾害,长江、嫩江、松花江等江河流域均遭受严重洪灾影响。洪灾发生后,政府及时掌握了人员伤亡、房屋倒塌、经济损失等信息,但当时并不清楚洪灾对粮食产量的影响究竟有多大。

CropWatch团队利用卫星遥感数据监测发现,洪水主要导致沿江地区狭长地带的农作物受损严重,但对当年全国粮食总产量的影响并不大。CropWatch团队随即发布了第一份报告,从宏观尺度全面评估了洪灾对粮食产量的影响,得出影响总体有限、部分地区还出现粮食增产的结论。这是由于部分地区农作物被洪水冲毁后,农民及时补种,充足的水分促使作物生长状况好于常年;东北地区的大量降水总体上滋润了土地,适宜的土壤水分促使该地区实现粮食增产。这一监测成果在洪涝灾害后的重建与粮情判断等方面发挥了重要作用。

之后,CropWatch团队按照边运行、边完善的发展模式,先后启动全球主要小麦和大豆出口国的粮食估产试验,开展了作物长势动态监测和粮食总产预测,逐步实现覆盖全球的小麦、玉米、水稻、大豆等粮食总产量遥感估算。经历20余年的不断发展和迭代更新后,CropWatch目前已经形成了囊括全球110个农业生态区、6个全球洲际主产区、45个粮食主产国和主产省或州等不同空间尺度,包含农气、农情面积、产量、预警等32个指标在内的粮食生产全过程的多层次农情监测技术体系,为全球粮食生产形势以及我国粮食进出口形势预测等提供数据支撑。

自研发至今,CropWatch持续为国家提供粮食生产形势信息保障。例如,2000年我国经历的大旱、2006年川渝高温干旱、2008年初南方雪灾、2009年初北方干旱、2019年东北作物倒伏、2021年河南洪灾、2022年长江流域高温干旱等极端事件中,CropWatch都展开了应急监测,为关键时期粮食生产形势的准确判断提供了依据,并为灾后恢复和重建状况开展持续性监测。

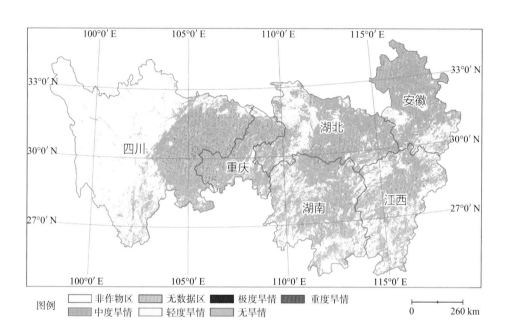

图4-7 2022年8月中旬长江流域六省市农业旱情等级(图/赵静等)

CropWatch的监测结果也成为我国大宗粮油作物进出口量预测的基础信息源。中国农业科学院农业信息研究所持续利用CropWatch遥感估产信息,开展我国大宗作物的进出口数量预测,提前预判我国大宗作物进出口数量,并提供进口来源、出口路径的建议。

近年来,研究人员秉承"授人以鱼不如授人以渔"的理念,为多个发展中国家开展定制化的农情监测云平台服务。例如,为莫桑比克定制的CropWatch云平台,使得莫桑比克农业部可以独立自主开展该国农情监测,并在雨季按月度发布莫桑比克农情遥感监测报告。该系统所采用的微服务架构,满足了不同用户根据各自兴趣对特定区域、特定数据、特定时期、特定指标进行农情监测系统自定义的需求，实现了农情监测按需定制。

CropWatch的遥感估产信息受众几乎实现全球全覆盖，其发布的监测报告已被全球170多个国家和地区下载使用，并为广大发展中国家提供了应急性粮食生产形势信息支撑。在2015至2016年度，厄尔尼诺对南半球部分国家粮食生产产生了严重影响，CropWatch在2015年11月对南非玉米生产形势做出了早期预警，为区域粮食调配提供决策支持服务。2019年，莫桑比克受到洪灾影响，CropWatch迅速开展洪水淹没范围、淹没时长及作物受损状况等应急监测，为莫桑比克灾害应急响应、灾后农业生产恢复提供了信息支撑。

众源数据与自主定义助力监测更客观

随着高分辨率卫星的发展和普及，可获取的遥感数据呈爆炸性增长，遥感数据已不是农业监测的瓶颈，反而是农情实地观测数据因费时、费力、可获得性差，一直制约着农情遥感监测的发展；此外，现有农情监测系统封闭、用户参与程度低，很难结合各国农业特点开展针对性的监测。

在此情况下，CropWatch通过引入众源数据并开放数据和应用接口，有效提升了农情监测的准确性和自主性，满足了差异化的用户需求。

一方面，众源数据有望弥补地面调查数据不足的问题。空天院目前集成手机的照相和定位功能发展的GVG众源信息采集应用程序，通过耦合深度学习算法，实现了带有位置标签的作物类型、灌溉类型信息的高效感知；该应用同时通过融合计算机视觉方法，发展了可用于作物单产快速采集的技术，通过计算穗粒数、粒大小和穗密度等参数，实现了小麦等作物单产的无损化精确观测，显著提升了地面调查数据的采集效率。

另一方面，CropWatch还以应用程序编程接口（API）方式开放所有数据和功能供用户调用，允许用户自主定义农情监测系统功能、自主选择监测指标和数据并参与农情监测信息分析的全过程，最大程度保证结果的客观性和透明度，避免信息偏差对决策的干扰。

图4-8　基于计算机视觉技术的作物单产无损观测

大气遥感：空气质量诊断师

李正强

大气遥感是一种间接的大气观测方式,不需要直接与大气接触,就可以从遥远的地方定量感知大气物理状态、化学成分等特征的时空分布。这种针对大气的"问诊"方式形成于20世纪60年代初,而随着卫星、计算机等技术的发展,目前已成为大气观测的重要技术手段。

遥感问诊优势多

大气遥感观测,就是使电磁波在大气传播过程中的种种变化与气象要素建立定性和定量的关系,在定量测量到电磁波的强度、相位、方向、偏振等参数通过大气产生的变化后,进行分析处理,从而得到大气参数,例如,大气颗粒污染物含量及分布以及风、湿度、云雾、降水等。

大气遥感观测的出现和发展是人们认识和探索自然世界的客观需要,有着其他技术手段与之无法比拟的特点和优势。

一是无需直接接触被测量对象,可以从远距离进行观测。大气遥感技术克服了常规气象"接触"观测的局限性,利用接收的大气波动信号测算各类气象要素。

二是可以获取大范围气象数据资料。遥感卫星的轨道高度在几百千米以上,可以快速获取大范围的信息。例如,一张风云气象卫星图像的覆盖面积可达数十万平方千米,这对宏观生态环境监测和分析极为重要。

三是实时动态监测大气环境要素的变化。遥感数据可以提供高分辨率的空间和时间信息,能够实时捕捉大气环境变化的细节和动态过程,这有助于环境预警和决策支持。

四是可以获取多种大气环境参数。大气遥感可以获取多种表征大气环境状态的参数,如温度、湿度、气压、能见度、大气颗粒物浓度、温室气体浓度、污染气体浓度等,从而帮助我们全面、综合、系统地了解大气环境状况。

分类问诊,精准分析

卫星遥感技术在大气环境中主要应用于气溶胶、颗粒物、二氧化硫、氮氧化物、二氧化碳、甲烷、秸秆焚烧和沙尘等空气中的污染气体和温室气体的遥感监测,并已基本形成业务化运行。不同的"病例"有不同的"问诊"方式。

例如,遥感可对灰霾开展大范围动态监测。近年来,我国灰霾污染频繁发生,给人们日常生活带来很大影响。以往的灰霾监测主要以地基站点为主,不仅难以全面观测灰霾的分布范围,还难以在区域尺度上监测灰霾的发展变化过程。此外,由于排放源复杂多变,不同地区差异大,单纯依靠地基站点的局地采样容易存在偏差。利用灰霾有别于其他大气条件的显著成像特征,研究人员可以在卫星遥感图像上快速进行灰霾识别、灰霾光学厚度反演并获得灰霾分布范围。经过长期监测灰霾分布范围的时空演变,遥感还可以帮助分析大面积强灰霾产生的原因。

秸秆焚烧也是灰霾的来源之一。秸秆焚烧时,地面对应火点位置的温度很高,与远离火点的背景地面温度产生明显的差异。热红外遥感可以将这种温度差异反映在图像上。在热红外遥感图像上,高温燃烧、低温燃烧、未燃烧的区域表现为不同的颜色,根据颜色反差,结合相应的计算方法,研究人员可以判断是否有秸秆焚烧以及焚烧情况,从而绘制出针对秸秆焚烧监测的专题图,帮助政府部门快速、准确决策。

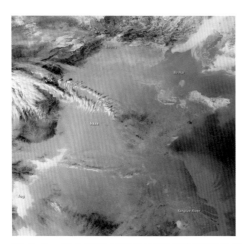
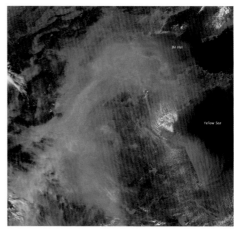

图 4-9　华北平原灰霾分布遥感监测图像(MODIS 遥感器,左为 2010 年 1 月 18 日,右为 2011 年 10 月 18 日)

又如,遥感是开展温室气体监测的重要手段。地球大气中主要的温室气体包括水汽、臭氧、二氧化碳、氧化亚氮、甲烷等,它们是全球变暖的重要原因。这种"问诊"主要通过卫星搭载可监测温室气体的遥感器来实现,其主要原理是温室气体分子在近红外、热红外波段存在明显的振动、振动—转动、转动吸收带,利用高光谱分辨率的近红外波段反射太阳光谱或热红外波段地球发射光谱可以定量反演温室气体的浓度。

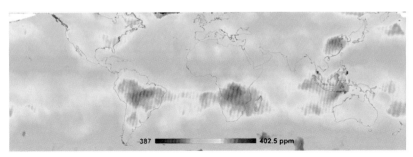

图4-10 2014年11月份全球二氧化碳遥感监测图(OCO-2卫星)

遥感还可对大气中的污染气体进行监测,如氮氧化物、二氧化硫、臭氧、一氧化碳和挥发性有机化合物等。污染气体的监测主要利用不同污染气体对不同波长电磁波的吸收特征来实现。卫星遥感基于污染气体分子结构在特定波段的吸收光谱特征,可以提取污染气体的吸收信息,进而监测污染气体的垂直柱浓度。例如,一氧化碳在电磁波红外波段有较强的吸收,可以利用红外高光谱遥感器监测其含量。

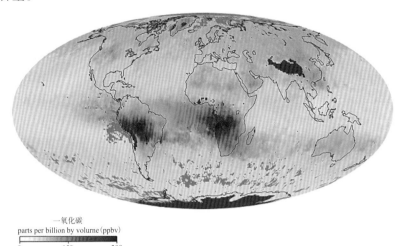

图4-11 2022年9月份全球一氧化碳遥感监测图(Terra卫星MOPITT遥感器)

大气遥感监测的另一个重要对象是大气气溶胶。大气气溶胶是悬浮在大气中的固态和液态颗粒物的总称,粒子的空气动力学直径多为0.001～100微米,其来源可分为自然源(如火山喷发、海水溅沫、地面扬尘、生物体燃烧等)和人为源(如燃料使用、工业排放、车辆尾气排放、秸秆焚烧等)。太阳辐射经过不同大气气溶胶粒子的散射和吸收后性质及强度发生了改变,科研人员通过卫星遥感测量太阳光辐射特性的变化,得到大气气溶胶颗粒物的浓度。卫星遥感可以提供全球范围的气溶胶分布信息,这些信息能够用于分析全球范围内气溶胶时空变化特征与演变规律。

定量化水平需进一步突破

大气遥感研究几十年来取得了飞速发展,在探测气象要素、大气微量成分等方面都有长足进步。不过,当前大气遥感的定量化水平不能充分满足气候与环境变化研究、数值天气预报等越来越高的应用要求,某些大气参数的定量化遥感技术与原理还有待突破。未来,大气遥感领域将会在以下几方面继续发展:

一是大气环境卫星遥感趋向于同平台探测气溶胶、污染气体、温室气体这三类关键大气污染成分,并采用联合反演、同步校正、交叉验证等方法提高反演性能和观测可信度;细颗粒物、臭氧、二氧化碳等大气重要成分的协同观测,既是解决大气环境问题的需求,也是大气环境探测卫星的发展趋势。

二是高光谱、激光雷达和多角度偏振等新型卫星遥感技术快速发展,能够有效扩展新的观测参数和提高观测精度;主被动式相结合的卫星大气遥感探测方式,将充分发挥激光雷达与微波雷达等主动式卫星遥感技术的多功能、高探测分辨率、高探测精度等优势。

三是卫星平台从极轨卫星、静止卫星向多形态、组网观测发展,有望形成新一代的大气环境卫星观测系统,为大气污染、双碳等重大问题提供重要支撑。

植被遥感：植物生态稽查队

李静 董亚冬 柳钦火

人类一直渴望了解地球上生态系统和环境的演变。自20世纪60年代以来，植被遥感伴随着遥感技术的发展而诞生，尤其是包括植被特征波段的多光谱影像数据的获取，打开了人类观测地球环境演变的又一个新的视角。植被遥感从多光谱遥感向高光谱遥感、雷达遥感、人工智能等多维度发展，逐渐成为人类精准、高效监管地球植物生态的功能强大的"稽查队"。

自然之纹：揭秘植被遥感的奥妙原理

植被的光谱特征与植被冠层结构、叶片色素含量等因素密切相关。由于叶片中的叶绿素等光合色素对可见光中的蓝光和红光吸收强，对绿光的吸收弱，因此健康植被在蓝光和红光波段的反射率较低，在绿光波段反射率较高。虽然色素在近红外几乎没有吸收，但光线在叶片内部发生多次散射，健康植被在近红外波段表现出强反射特征。

借助植被的这些光谱特征，我们可以对植被"望闻问切"，评估植被的健康状况和环境适应能力。例如，健康植被在近红外呈现反射峰而在红光存在吸收谷的反射特征，我们可以使用两者的差值为植被建立健康评分标准——植被指数，简单快速地反映植被的生长状态。植被指数值越高，表示长势越好，值越低，表示长势越差。

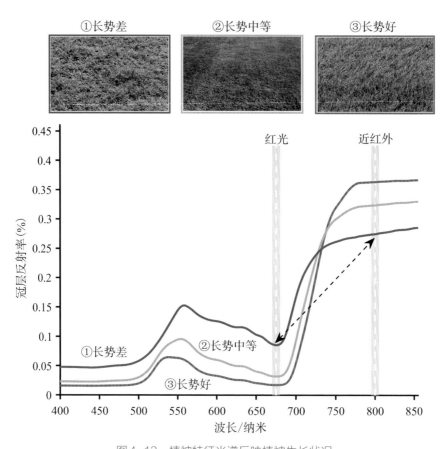

①长势差　　　　　②长势中等　　　　　③长势好

图4-12　植被特征光谱反映植被生长状况

　　以上利用光谱特征监测植被的光学遥感难以穿透植被的密集叶片和枝干，仅能监测植被冠层信息，对其垂直结构和内部信息了解较少。而激光雷达则可以穿透植被冠层，高分辨率、高精度地获取三维点云数据及全波形数据，反映丰富的植被结构信息，如植被高度、冠层垂直密度等。植被结构决定了激光雷达信号在穿过植被冠层的传播和反射方式，信号会在回波波形上表现出不同的波峰波谷特征。例如,只有单一草地层时,激光雷达信号无树冠遮挡,波峰高度贴近地面(图4-13a);植被结构更加复杂时(如具有林灌草不同层次结构),激光雷达信号波形会有多个峰值和波谷,反映了不同植被层次的存在(图4-13d)。激光雷达信号穿透植被冠层的能力极大地拓展了我们对森林生态系统的认知和研究深度。

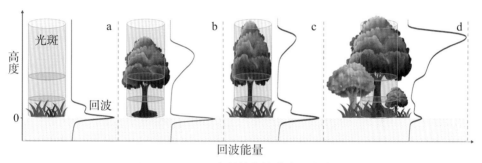

图4-13 不同森林结构的激光雷达波形

此外,植被作为生物体,其温度与环境温度密切相关。热红外遥感如同植被的"体温计",可以帮助监测植被的温度变化。植被在不同生长状态下,对环境温度的响应也不同。例如,蒸腾作用有助于植物通过蒸发来降低体温,但在干旱条件下,植被的蒸腾作用减弱,植被温度相对较高;在潮湿条件下,植被的蒸腾作用增强,植被温度相对较低。因此,通过监测植被的温度变化,我们可以判断植被的含水状况,进而评估植被的干旱程度。

图4-14　不同干旱条件下植被的热红外温度

大范围实时监测：助力全球可持续发展

植被遥感能够实现大范围植被盖度和生长状况变化的实时监测,助力全球可持续发展目标的实施。经过科研人员处理后的遥感数据可以展示出地球上不同地区的植被分布,追踪植被在不同季节、不同年份的生长和变化情况。例如,遥感叶面积指数产品对欧亚草地的监测显示,从1982年至2020年欧亚草地的植被生长状况变好,其南部草地植被变得更绿。

　　植被遥感监测成果证实了科学的生态系统保护与修复工程是陆地生态系统有序恢复的有效措施。例如,通过植被遥感监测发现,2010年以来,得益于有效的生态系统保护和修复工程,我国陆地生态系统在较大范围内呈有序恢复、向好发展态势,森林面积持续增长、植被生长状况指数平均上升了5.93%。我国植被生长状况改善和恢复的区域面积是变差下降的区域面积的3.1倍。中国生态系统保护与修复工程取得的成果为全球森林可持续管理提供了可借鉴的经验和范例。

　　植被遥感也用于监测气候变化下植被的响应情况。例如,随着气候变暖,厄尔尼诺—南方涛动事件频繁发生,极端天气事件导致干旱和火灾频发,使澳大利亚的植被生态系统状况显著改变。通过植被遥感监测发现,2010年至2012年持续的拉尼娜事件引发的强降水促进植被生长。2014年至2016年的强厄尔尼诺事件引发该地区大干旱,导致该地区植被生长状况明显变差。植被生长状况指数11年间(2010年至2020年)平均下降14.64%,植被生长状况退化区面积达204.05万平方千米,主要分布在澳大利亚中东部地区,集中退化区植被生长状况指数的下降幅度高达25.42%。通过植被遥感技术监测气候变化对植被的影响,对于我们更好地理解地球的生态系统、制定气候变化适应措施以及保护生物多样性具有重要意义。

未来：全方位、多维度、高时效的监测

　　植被遥感能够多维度、多层次地观测全球植被状态,具有广泛的应用领域和发展前景。目前,光学、微波、热红外遥感技术虽然均能定量描述植被的不同维度特征,人工智能的发展也将极大地提高植被遥感数据的处理效率和自动化程度,但相对于科研和应用的需求,其所能反映的陆地生态系统的特征仍不够全面、细致、高精度及高效快速,三维空间分布、生化理化特征参数等植被信息实时获取

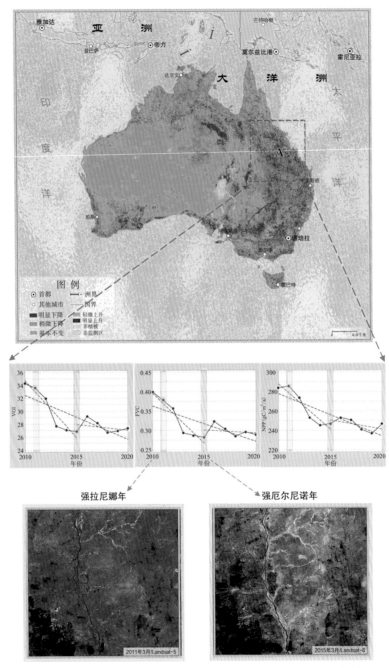

图4-15 澳大利亚2010年至2020年植被变化在拉尼娜事件发生时期和厄尔尼诺事件发生时期对比(VGI:植被生长状况指数;FVC:植被覆盖度)

的需求对植被遥感的基础理论研究以及载荷硬件研制都提出了巨大挑战。

可以说,植被遥感为我们揭示植被的"绿色密码"提供了强大的工具。只有通过更为全方位、多维度、高时效的监测和分析,我们才能更好地应对气候变化带来的挑战,保护我们共同的家园,让地球继续绿意盎然。

双碳遥感：碳源碳汇督察员

刘良云

实现"双碳"目标，精准的全球碳盘点，即估算每一项碳排放和碳吸收的贡献是其先决条件。其中，卫星遥感正在成为国际认可的新一代全球碳盘点方法。大气增加的碳从哪里排放？减了多少碳？还有多少排放需要中和……卫星遥感技术能派上大用场。

卫星碳盘点有多"火"

卫星遥感具有客观、连续、稳定、大范围、重复观测的优点，正在成为国际认可的新一代全球碳盘点方法。国际卫星对地观测委员会明确提出，将在2025年形成星座业务化运行，支撑2028年全球碳盘点。

迄今，多个国家相继发射了具备大气二氧化碳浓度观测能力的卫星。日本于2009年成功发射温室气体观测卫星（GOSAT），这是第一颗专门用于大气温室气体二氧化碳和甲烷探测的卫星，至今运行良好。美国在温室气体遥感探测方面走在国际前列——2021年12月，美国白宫发布了《美国空间优先框架》，明确美国将优先支持应对气候变化行动的卫星遥感计划，通过政府、私营和慈善机构之间的合作，利用地球观测数据支持美国和国际社会应对气候危机。

中国近年来在温室气体卫星遥感探测方面也是突飞猛进。2016年12月，首颗中国自主研制的全球大气二氧化碳观测实验卫星成功发射,并在全球大气二氧化碳浓度、叶绿素荧光监测等方面取得系列重要成果。2018年5月,高分五号卫星成功发射,搭载的温室气体监测仪主要功能是定量监测全球大气二氧化碳和甲烷浓度。2022年4月,我国发射了国际上首颗搭载二氧化碳探测激光雷达的大气环境监测卫星。

卫星有多少本领:不仅能"看",还要能"算"

当前卫星遥感可以探测大气二氧化碳浓度,但是对于科学家和决策部门而言,想了解大气二氧化碳的来源并提取出其中来自人类活动排放的部分,这是一项巨大的科学挑战。

图4-16 全球碳计划评估的2012—2021年全球碳收支结果

利用卫星开展生态系统碳汇估算的方法主要分为三类：基于温室气体浓度探测的"自上而下"同化反演方法、基于生态过程模型的"自下而上"模拟方法以及基于数据驱动的机器学习方法。然而，各种方法的碳源汇估算均存在不确定性。

由国际地圈–生物圈计划、全球环境变化人文因素计划和世界气候研究计划共同发起了全球碳计划，其关键是准确量化全球碳循环格局和变率。我国在2010年启动的全球变化研究国家重大科学研究计划、2016年启动的国家重点研发计划"全球变化及应对"专项中，摸清生态系统碳循环均为核心任务之一。2017年立项国家重点研发计划项目"全球生态系统碳循环关键参数立体观测与反演"，成功研制了24种覆盖全球、参数完备、时空分辨率精细、连续一致的碳循环关键参数产品。这些丰富的碳循环关键参数产品，为陆地生态系统碳源汇的动态精细评价提供了重要基础数据。

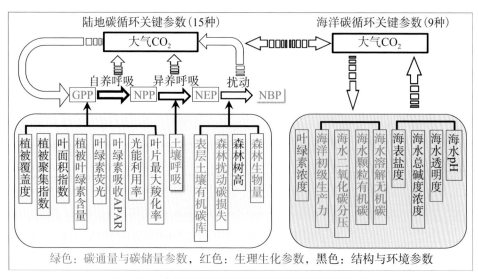

图4-17 全球生态系统碳循环关键碳参数产品体系

由于人为源碳排放和陆地生态系统碳通量混合,如何利用碳同化系统优化计算人为源碳排放,是科学家们力图解决的重要问题,也是实现碳中和目标的重大技术需求。研究人员认为,全球碳同化系统是解决这一问题的有效途径。联合同化卫星和地面大气二氧化碳浓度、站点通量数据、遥感地表参数等数据,同时优化生态系统和人为源碳通量,这是全球碳同化系统的发展趋势。

下一代碳卫星有多强:中国的碳卫星监测解决方案正在部署中

全球碳盘点不仅需要卫星遥感提供高时空分辨率大气二氧化碳等观测数据,更需要通过观测系统与同化反演系统集成,提供高时空分辨率的大气二氧化碳的溯源解析数据,如人为碳排放、生态系统碳源汇等。

尽管卫星探测能力得到了有效提高,但是任何单独一颗卫星都无法满足二氧化碳和甲烷全球探测的需求。根据科学目标将多颗卫星组成一个虚拟的卫星星座,开展多颗卫星组网观测是满足快速增长的全球业务化观测需求的有效途径。

同时,下一代碳卫星的核心目标是服务于全球碳盘点的清单校核,不仅要求卫星载荷系统提供宽幅、高分辨率、高精度的观测能力,还需要通过同化反演系统,监测碳通量,区分和量化人为碳排放。

全球温室气体清单校核需求对中国下一代碳卫星提出了"苛刻"要求,这些要求包括同步监测二氧化碳、甲烷、一氧化碳、二氧化氮、氟化硅、气溶胶等多种参数,并能达到1ppm大气二氧化碳观测精度、2千米分辨率、2000千米幅宽等极具挑战性的技术指标。

如何在工程技术上平衡光谱分辨率、信噪比、空间分辨率与幅宽的制约关系存在巨大挑战。我国在碳卫星观测要素的遥感反演算法研究基础上,结合当前载荷工程研制能力,初步确定了下一代碳卫星载荷技术指标(表4-1)。

表4-1　下一代碳卫星载荷光谱指标体系

探测波段	二氧化氮波段	氧A波段	弱二氧化碳波段	强二氧化碳波段	甲烷波段
观测参数	二氧化氮	氧气、氟化硅	二氧化碳、甲烷	二氧化碳	甲烷、一氧化碳
光谱范围/微米	0.4～0.49	0.747～0.773	1.590～1.675	1.990～2.095	2.305～2.385
光谱分辨率/纳米	0.6	0.12	0.3	0.35	0.25
信噪比	800	620	520	480	150

尽管下一代碳卫星比我国第一颗碳卫星有巨大的飞跃和进步,但卫星成像监测也受到轨道、天气等诸多因素的影响,无法实现连续动态观测且分辨率不高,仅凭卫星遥感难以取得满意效果。因此,卫星遥感必须结合地基监测、航空遥感等多源数据,才能实现点源、城市、国别尺度的温室气体排放的精确估算。

目前,生态环境部、中国气象局、中国科学院等机构正在组织和实施大范围地基温室气体观测任务,已初步建成并正在逐步完善国家温室气体观测网络。温室气体卫星星座与地基网络的协同,为中国碳达峰、碳中和行动成效的科学评估与碳排放核算提供了重大机遇。

水色遥感：江河湖海侦察兵

李俊生　王胜蕾　张兵

纯水是没有颜色、透明的液体,但大自然中江河湖海的水体却是五颜六色的——蓝色的海洋、黄色的黄河、绿色的池塘……这些颜色能否反映出水体的差异,帮助我们辨别出水质情况?

水色三要素：察"颜"观色基本原理

水体是纯水与溶解或悬浮于水中的各种物质的混合物。其中的一些物质会影响水体颜色,主要包括浮游植物(藻类)、悬浮泥沙(无机悬浮物)、有色可溶性有机物(黄色物质),它们通常被称为水色三要素。

纯水和每种水色要素都会对入射到水体中的太阳光产生吸收和散射作用。纯水对入射光的吸收随着入射光波长增加而逐渐增强,对蓝绿光的吸收较弱,散射作用则随入射光波长增加而快速下降。区别于纯水,悬浮泥沙和有色可溶性有机物的吸收作用随着波长增加而快速降低。浮游植物则比较复杂,其吸收作用主要表现为在蓝光、红光各有一个吸收峰,在绿光则有一个吸收谷,而人们看到的水体颜色正是这些要素对太阳光呼吸和散射作用叠加的效果。

这些要素含量的不同使得水体颜色各异。青藏高原的纳木错非常清澈,各要素含量都很低,颜色主要取决于纯水对太阳光的吸收和散射作用,而纯水对蓝光的吸收作用最弱、散射作用最强,散射的大量蓝光未被吸收,而主要被反射回水面上,于是人们看到的是蓝蓝的湖水。黄河中含有大量的悬浮泥沙,悬浮泥沙对太阳光的吸收随光波长增加而快速减少,而纯水的吸收随波长增加而增加,两者共同作用后在黄光附近形成了一个吸收低谷,吸收和散射的共同作用导致反射的黄色光最多,这就是黄河水看起来有些黄的原因。

水体的要素含量决定了水体的颜色,那么反过来,我们通过水体的颜色也可以分析计算要素的含量,而卫星搭载的光学相机可以像人眼一样观察到水体的颜色,这就是为什么卫星通过观"水色"可辨"水质"。

水体颜色指数:卫星观"色"

为了定量记录水体颜色信息,人们需要对水体颜色进行分类或分级。一百多年前人们通过福莱尔水色计来划分,把水体颜色分为从深蓝到黄棕色共21个级别,并称之为水体颜色指数(FUI)。水体颜色指数越低,即水体呈蓝色时水质越好;水体颜色指数越高,即水体呈黄棕色时水质越差。

随着卫星遥感的发展,研究人员开始通过卫星遥感图像监测水体颜色指数。计算图像中水体的颜色指数主要包括以下步骤:首先需要对卫星遥感图像进行预处理,获得水体离水反射率图像;然后将图像从RGB颜色空间转换为CIE标准颜色空间;最后利用CIE颜色空间坐标查找表确定水体颜色指数。空天院研究人员基于卫星遥感数据发布了首个全球大型湖库水体颜色指数时间序列数据集,在此基础上分析了全球大型湖库水体颜色指数空间分布情况。全球高纬度、高海拔地区大型湖库水体颜色指数相对较低,水体较清洁;而人口密度较高、城镇较密集地区的大型湖库水体颜色指数相对较高,水体较浑浊。

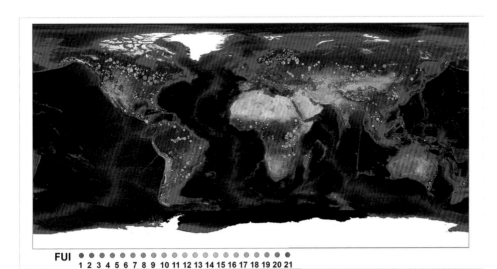

图4-18 全球大型湖库水体颜色指数卫星遥感监测图

水体透明度：卫星观"浊"

透明度是指光线穿透水体的深度，可以反映水体的浑浊程度，也是描述水体受污染程度的常用指标之一。当水体中的悬浮泥沙、浮游植物或者有色可溶性有机物含量较高时，水体透明度会变得比较低，比如高泥沙的黄河口等区域水体透明度可能只有几厘米；当水中杂质较少时，水体透明度比较高，如纳木错和深海水体的透明度可以达到10米以上。自然水体透明度变化体现在水体颜色上，比如透明度为数厘米的高泥沙黄河口水体颜色呈黄棕色，水体颜色指数会大于16；透明度达到10米以上的纳木错水体颜色呈深蓝色，水体颜色指数会小于4。因此，通过卫星遥感观测水体颜色指数可以进一步估算水体的透明度，以表征水体的浑浊程度。

基于这一原理,空天院研究人员构建了水体透明度遥感估算模型,对全球大型湖库透明度进行了反演与长时间序列变化分析,以科学认识全球大型湖库透明度空间分布及随时间变化的趋势。

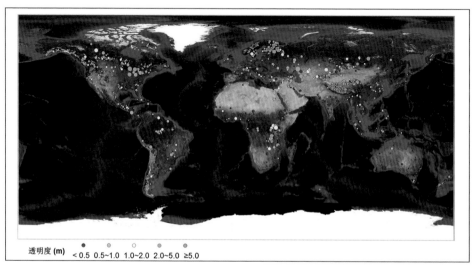

透明度 (m)　　● ● ○ ● ●
　　　　　　　< 0.5　0.5~1.0　1.0~2.0　2.0~5.0　≥5.0

图4-19　全球大型湖库水体透明度卫星遥感监测图

水体营养状态:卫星观"腐"

水体营养状态描述的是水体中的营养物质含量,可分为三个级别:贫营养、中营养、富营养。其中,水体富营养化是一个全球性水环境问题,是指随着水中氮、磷等营养元素增多,水中藻类及其他浮游生物快速生长繁殖,水中溶解氧下降,从而破坏了水生态系统,属于水质污染现象。"流水不腐"中的"腐"通常就是指水体富营养化。自然水体的营养状态也会体现在水体颜色中,一般贫营养水体中各种悬浮和溶解物质含量很低,水体呈蓝色;中营养水体中各种物质含量中等,水体一般呈蓝绿色;富营养化水体中各种物质含量较高,水体一般呈黄绿色。

在这一理论指导下,空天院研究人员构建了基于卫星遥感水体颜色的湖库营养状态监测模型,首次发布了全球大型湖库水体营养状态遥感监测结果,为卫星遥感监测全球湖库营养状态提供了新的方法与思路。

水体营养状态　　•贫营养　•中营养　•富营养

图4-20　全球大型湖库营养状态卫星遥感监测图

通过上面的分析可以发现,遥感数据通过定量提取"人眼"可观测到的水体颜色信息来反映一些水质状况,包括透明度和营养状态,这其中主要是利用了多光谱遥感数据的蓝光、绿光、红光三个波段的信息。如果要辨别水体中更多信息,就不能仅仅利用"人眼"可观测到的水体颜色,还需要进一步利用一些水质参数的"指纹"光谱信息,这需要用到具有更多光谱波段的高光谱遥感数据。随着高光谱遥感技术的快速发展,更多水质参数的遥感监测应用正在路上。

水质遥感：黑臭水体搜查器

申茜　姚月　张煜婷

相信大家都见过有大量污泥、根本看不到鱼虾的河流,这些河流污染严重时还会散发出阵阵恶臭。这种水体就是黑臭水体,它是水体污染的一种极端现象。如何筛查发现这种又黑又臭的严重污染水体?遥感可以派上大用处。

事关民生：整治黑臭水体意义重大

目前国际上还没有关于黑臭水体的明确定义。一般认为,黑臭水体是指让人觉得又"黑"又"臭"的污染水体,通常呈现黑色、灰色、墨绿色等明显异于一般水体的颜色,同时散发令人感到不适甚至是厌恶的气味,也是水体感官性污染最常见的一种现象。

黑臭水体的形成主要是由于经济和城市的快速发展,人口迅速增长,城市中的基础设施超出了原有的设计容量,生活污水没有及时得到处理直接排入河道,大量有机物和氨氮进入河流,消耗大量氧气,致使水体变为缺氧状态,细菌大量繁殖、有机物持续分解,水体变黑变臭。同时,随着用水量的增加,河道上游来水量减少,造成河流自身流动性差、自净能力降低。此外,缺乏生态补水,污染物大量累积,也会造成河道内源污染,形成黑臭水体。

"十三五"期间,通过"水十条"、《城市黑臭水体治理攻坚战实施方案》和城市黑臭水体整治环境保护专项行动等,全国295个地级及以上城市(不含州、盟)黑臭水体消除比例为98.2%,实现了地级及以上城市的整治目标。目前,国家对黑臭水体的攻坚目标由地级城市向县级城市和农村黑臭水体转移,"基本消除城市黑臭水体""解决乡村黑臭水体"被明确列入国家"十四五"规划纲要中。

事关效率：卫星遥感监测优势凸显

内陆水体覆盖面广、数量众多,黑臭水体还会随季节变化反复。传统的筛查和监测方式都需要人到达现场,使得黑臭水体筛查和整治难度大、耗时且费力。卫星遥感可以大范围、快速监测定位黑臭水体,具有成本低、覆盖广、速度快的优势。不论是黑臭水体的底数排查、还是治理进展巡查,都需要卫星遥感手段的协助。简单来说就是,当无人知晓黑臭水体在哪里的时候,卫星遥感可以巧妙地发现黑臭水体的踪迹,地面人员再根据遥感结果对黑臭水体进行巡查和排查,效果无疑将事半功倍。

遥感监测黑臭水体,当然并不能闻到"臭味",但遥感获取到的信号可以呈现出不同的水体状态,从而识别异常的水体,这些水体往往是发生黑臭现象的"苗子"。

在遥感影像上,人眼很难直接区分一般水体和黑臭水体,它们在图上都是暗黑色的。不过,黑臭水体和一般水体的"物质身份证"——遥感反射率,存在微小差异,黑臭水体的光谱曲线相对较为平缓。黑臭水体和一般水体细微的"光谱指纹"差异,是发现黑臭水体、进行遥感监测的理论基础。黑臭水体主要是内陆的河流,我国高分一号、二号、六号、七号等系列卫星的在轨运行,确保了这些河流可以在空中被看到,使得发现黑臭水体成为可能。

然而,遥感影像空间分辨率提升的同时,光谱波段数量从高光谱的上百个波

图4-21　肉眼难以区分黑臭水体和一般水体

段减少到了高分多光谱的四个波段。关于如何在四个波段中获得光谱信息,发现指纹特征识别黑臭水体尤为重要。空天院研究人员逐步攻克了高分多光谱影像高保真自动化定量批处理的关键技术;同时,通过实地采集黑臭水体的大量"光谱指纹"数据,研究人员提出更适应多光谱数据的黑臭水体识别模型。

　　通过边研究边实践,空天院目前已开展100多个城市的黑臭水体筛查工作,为国家有关部门提供了含有位置信息的疑似黑臭水体清单,并在2018年至2020年连续三年配合黑臭水体专项整治行动。到2020年底,全国2914条黑臭水体治理率已达到98%以上。

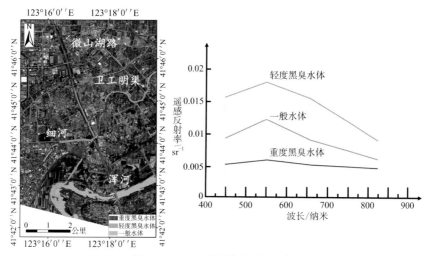

图4-22 黑臭水体"光谱指纹"图

事关效果：北方某城市黑臭水体基本消失

多部门治理攻坚,科研团队卫星助力,黑臭水体治理取得了事半功倍的效果。以北方某城市为例,团队在该城市中2015年识别出的黑臭水体长度为127.44千米,面积为3.50平方千米;2016年识别出的黑臭水体长度为90.17千米,面积为1.42平方千米;2017年识别出的黑臭水体长度为47.56千米,面积为1.12平方千米;2018年识别出的黑臭水体长度为38.08千米,面积为0.96平方千米;2019年识别出的黑臭水体长度为16.15千米,面积为0.78平方千米;2020年识别出的黑臭水体长度为4.08千米,面积为0.32平方千米;2021年识别出的黑臭水体长度和面积均为0。

空间范围上,该城市的黑臭水体主要集中分布在城市的东、南方向,西、北方向的城市黑臭水体情况较少,这与该城市西高东低、北高南低的地势相符。

总体来看,2015年至2021年北方某城市黑臭水体的长度和面积均逐年减少,到2021年,治理率达到100%,黑臭水体基本消失,整治效果显著。

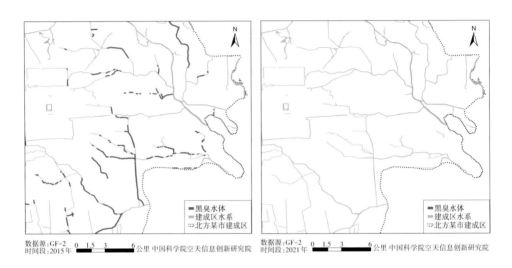

数据源:GF-2 0 1.5 3 6公里 中国科学院空天信息创新研究院
时间段:2015年

数据源:GF-2 0 1.5 3 6公里 中国科学院空天信息创新研究院
时间段:2021年

图4-23 2015年、2021年北方某城市黑臭水体遥感监测案例

事关挑战：监测重点与技术升级将同步

在"十四五"规划中,国家监管重点除了继续关注地级及以上城市黑臭水体返黑返臭现象、确保长治久清外,还将关注县级市黑臭水体、农村黑臭水体,遥感监测重点也向县级市、县城以及农村黑臭水体扩展。

在这种情况下,以往的黑臭水体遥感筛查方法也将面临极大挑战:以往地级市中的黑臭水体较多是大面积水体,该方法对于影像上看不清、极为细窄的黑臭水体是无法识别的。而目前,不论是县级市的黑臭水体还是农村黑臭水体,恰恰都呈现了分布零散、涉及范围大、黑臭河流极为细窄、较难用遥感看清水面的特征。这种情况下，我们需要重新调整监测思路，从"水体"向"水岸"结合转变。在技术手段上，除了继续在黑臭水体高效率、高精度监测方面深耕，还可结合岸上污染源空间分析、水系通达性、风险区筛查等进行拓展和延伸。

湿地遥感：生态保护体检仪

牛振国　霍轩琳

湿地被誉为"地球之肾"，对于生态系统和人类生存意义重大。随着国家生态保护战略的实施，湿地的重要性越来越被广泛认同。千百年来，湿地如同戴面纱的侠客，不露声色地造福万物；又像有着"七十二变"的孙悟空，总是以不同面貌出现。但无论它化为何物，遥感技术总能如二郎神的天眼一般，将湿地状况尽收眼底。

跨越山水，了解湿地全貌

虽然在古诗词中时常能找到湿地的影子，但湿地作为一个独立的概念出现还是现代的事情。一方面是因为湿地"真人不露相"，呈现给世人的形态，时而像草，时而像水，时而犹如平地；另一方面是因为湿地独特的生态特征使人们难以接近它和了解它。传统的湿地调查和监测方法主要是人工野外实测，不仅耗费大量人力物力，还有很多人力无法企及，而遥感技术能克服湿地"有水不能行舟，有路不能跋涉"带来的困难，帮助人们了解湿地全貌。

2009年，空天院研究人员利用超过1400幅的中巴资源卫星影像，采用人工为主的半自动方法首次完成了中国湿地的遥感制图，帮助大众清楚了解了中国湿地分布的全貌。2012年，空天院又采用相同方案对1978年以来中国湿地的变化进行监测,系统给出了中国湿地自改革开放以来30多年间的变化状况,为中国湿地的保护管理提供了重要依据。2022年,研究人员再次利用最新卫星遥感数据,实现了中国10米空间分辨率的湿地遥感制图,精细揭示了近期中国湿地的空间分布特征。

细致把脉,为湿地深度体检

现代医学利用CT等仪器给人体做各种检查,辅助医生判断身体状况。同样,通过卫星遥感技术监测湿地,则是给地球的"身体"做生态健康监测和检查。

为湿地做"体检"主要是利用卫星上搭载的丰富多样的遥感器。从遥感器的类型来看,湿地监测"工具"涵盖了可见光、短波红外、热红外、微波、高光谱等多类型。其中,可见光由于具有较高空间分辨率,适用于对湿地类型、湿地分布范围、湿地动态、外来入侵物种等开展定期和不定期的监测;短波红外由于对水分敏感,适用于对湿地植被含水量开展监测;热红外可用于对湿地的温度和热量状况开展监测,以帮助人们了解湿地受水分胁迫情况;微波不受云雨天气影响,能够对湿地开展高频率的水分动态的监测、地表生物量的监测等;高光谱波段较细,除了可以实现湿地植被物种的区分,还能够对湿地植被的生化组分开展定量监测。从这一套"组合拳"可以看出,遥感技术监测湿地的手段之高、方式之多、能力之大。

卫星"稽查"效果是明显的,切实发现了多个问题。例如,自1970年以来,全球湿地消失速度是森林的3倍,有超过35%的湿地退化。考虑到全球有40%的动植物生长、生活在湿地中,有超过10亿人依靠湿地为生,湿地功能退化将对人类生存和发展构成重大风险。基于遥感的长时序连续监测表明,人类活动和气候变化是我国湿地退化面临的两大主要挑战。

又如,遥感监测显示,中国湿地的丧失主要发生在2000年之前,以自然湿地的丧失为主;2000年之后虽然自然湿地的丧失速度减少,但人工湿地面积保持了增加的趋势,这在很大程度上掩盖了自然湿地减少的事实。人工湿地主要表现为水田的开发、鱼塘的改造、河流建坝、修建水库等。由于人工湿地系统结构简单、生物多样性低、生态涵养功能弱,湿地的整体功能仍在减少。

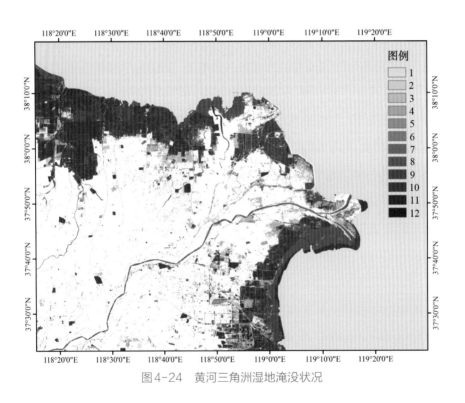

图4-24　黄河三角洲湿地淹没状况

基于卫星的遥感监测显示,我国湿地在青藏高原地区呈现了增加的趋势,这主要与该地区气候变化密切相关。但最近的遥感精细监测显示,湿地的增加主要是由于湖泊等水面的增加,而对高原生态涵养意义同样重要的沼泽和沼泽化草甸等湿地类型同期依然保持着持续减少的趋势。在这种形势下,无论是对高原水资源的开发和利用,还是对生态环境的进一步保护,都需要新的应对举措。

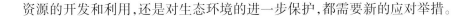
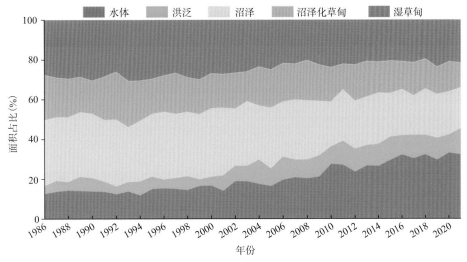

图4-25　青藏高原湿地变化情况

广度精度双升,未来有望全方位近实时守护

综上所述,利用卫星遥感技术开展湿地监测,可以及时掌握湿地资源现状和变化情况,为科学评价其质量和生态状况提供基础数据,为科学开展湿地生态系统保护修复、监督管理及实现"双碳"战略提供决策支撑。同时,遥感技术的进步也带动了应对湿地退化的能力和水平的迅速提升。

一方面,遥感技术这个"体检仪",不仅实现了对湿地环境的动态监测,还进一步丰富和细化了湿地生态监测内容。从最初的湿地面积调查,扩展到目前对湿地类型、湿地植被多样性、湿地生物量、湿地碳储量、湿地污染、湿地水分动态等多方面的监测。

另一方面,遥感监测频率和精度越来越高。过去,对湿地进行一次全面调查需要几年时间,遥感技术的应用使得监测时间可以缩短到以年或季度为周期。例如,从2007年以来,空天院利用遥感数据完成了一系列中国湿地制图以及中国湿地生物量、碳储量估算等,为湿地管理提供第一手的数据。在可预见的未来,通过组建"星-空-地"的遥感监测网,可以实现对湿地生态状况的近实时监测。遥感监测技术将不断在湿地监测方面发挥巨大作用,帮助人们解决一个又一个有关湿地保护和恢复面临的技术难题。

虽然海量卫星影像数据为研究人员提供了更多监测手段,但如何进一步提高这些数据的应用水平还有很大挑战。例如,如何利用遥感技术解决湿地动态性带来的湿地类别的准确识别问题?如何开展湿地生物量的精准评估?如何开展湿地植被多样性的制图?

这些问题和挑战,对研究人员提出了更高要求。但毋庸置疑,遥感技术未来的发展,可为我国"双碳"背景下湿地保护等相关解决方案提供基础依据,也为湿地的生物多样性等生态环境的保护提供重大支持。

冰川遥感：冰川动态记录簿

黄磊 李震

　　冰川和冰盖，是全球气候变化的重要指示器和调节器，也是人类重要的淡水资源。但随着全球变暖加剧，冰川冰盖面临消退甚至消失的风险，影响整个生态系统，可能形成不可逆转的生态灾难，更可能给人类尤其是生活在海岛和沿海地区的人们带来灭顶之灾。

　　由于冰川通常位于极高极寒地区，以往仅依靠人工实地监测，费时费力效率还低。因此，卫星遥感成为当前全方位监测冰川变化最主要的手段。通过卫星快速准确监测冰川冰盖的变化，及时了解冰川的变化趋势，短期可以帮助人们避免受到冰川跃动、冰湖溃决之类的灾害影响，长期有助于制定适当的发展策略、适应气候变化，最终实现人与环境的可持续发展，是一项意义重大的工作。

　　卫星可以监测冰川的哪些变化？目前，主要是使用多光谱、合成孔径雷达、激光雷达等遥感器，开展冰川面积、运动、厚度变化、平衡线等几个方面的监测，为冰川作全面、立体的记录。

识别记录冰川面积变化

　　冰川面积的变化，是冰川变化（退缩或前进）最直观的体现。确定冰川面积的变化，需要在卫星图像上先识别不同年份的冰川轮廓，再进行对比分析。对比两个长方形的面积,需要先测量出长方形的长和宽,只不过冰川更复杂,是个不规则图形。研究人员可以通过冰川在卫星图像上所占像素的数量变化以及单个像素对应的面积,推测冰川面积变化情况。

图4-26　2016年12月Landsat-8卫星拍摄的位于青藏高原中部格拉丹东冰川

但是,想要在遥感图像上准确识别冰川并不容易。在大家的印象中,冰川可能都是洁白的,与周边的岩石、草地很容易区分,遥感也应该很容易识别。事实上,遥感识别冰川困难重重,目前主要面临的障碍包括:冰川区云量较大,对卫星过境时成像造成遮挡;山区和云的阴影导致图像上冰川亮度差异;冰川以外的积雪、卫星过境时的云雾等与冰川颜色接近,易干扰识别;以及如何精准识别表碛覆盖下的冰川;等等。

图4-27　云雾笼罩的贡嘎山海螺沟冰川。冰川以外的积雪、云雾、雨雪等,都会对冰川识别造成干扰

　　为了解决这些问题,研究人员想了很多办法。比如,为了减少阴影的影响,通过波段间的运算,并结合大量图像的长期观测以及人工智能的算法,逐像素排除云的干扰;通过热红外等方法,靠温度的差别来识别碎石下的冰川。在2010年前后,中国的冰川编目工作曾经因为前面列举的种种障碍,难以识别大约5000多平

方千米的冰川。而现在通过新型的智能算法以及更丰富的遥感数据,研究人员已经可以快速识别冰川并计算其面积变化。

测量记录冰川厚度变化

在南极,有些地方冰盖的厚度能达到上千米,即使在山地冰川,冰川的厚度也可以达到上百米。目前,研究人员已经使用一些探地雷达设备,借助波长较长、穿透能力更强的电磁波,区分冰和岩石的分界面,计算冰的厚度。不过目前还没有能直接观测冰川厚度的遥感器。

无法知道冰川的厚度,如何观测冰川厚度的变化?研究人员想了很多方法,最终实现在不知道冰川绝对厚度的情况下,用卫星遥感直接观测冰川表面高度,通过在一定时段内高度变化计算厚度的变化。

第一种方法是通过激光雷达直接测量卫星到地面的角度和距离,从而算出激光光斑的表面高程。这种方式精度高,但缺点是在卫星每次过境时间内,只能测量少数几个点的高程。

第二种方法是通过光学卫星在不同角度成像,形成立体像对,获取一定区域的表面高程,从而计算一定时段因冰川变化引起的高程变化。这种方式覆盖范围更大,但也容易受到云雾天气影响。

第三种方法是通过合成孔径雷达干涉测量,获取区域地形及其变化。这种方式覆盖范围大,不受云雾天气影响,但由于雷达侧视成像,测量过程容易受到山区地形的影响,易导致部分冰川区难以观测。

由此可见,解决某个科学难题往往难以一蹴而就,需要根据各种条件和各类环境,充分发挥不同方法的优势,多手段配合,才能实现既定目标。

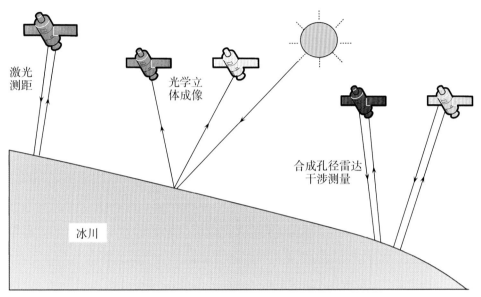

图 4-28　卫星测量冰川地形的三种方案

　　根据卫星、实地测量等多种观测手段所得的数据综合显示,全球大多数冰川冰盖都在快速退缩,且退缩速度在加快,而人类活动导致的气候变化,是引起冰川冰盖快速退缩的首要因素。根据世界气象组织的报告,全球具有长期观测记录的基准冰川,在 2021 年 10 月至 2022 年 10 月期间,平均厚度减少 1.3 米,远远高于过去 10 年的平均水平。自 1970 年以来,累积厚度损失已达 30 米。

　　根据现有观测以及未来温室气体排放的情景和升温情景,人们可以预测未来冰川变化趋势。根据 2023 年联合国政府间气候变化专门委员会(IPCC)的报告,与 2015 年相比,预计到 2100 年时,在气温升高 1.5℃ 至 4℃ 的情况下,冰川的总体量会减少 18%±13% 至 36%±20%。这意味着,即使在全球平均气温升幅限制在 1.5℃ 的最佳情况下,到 2100 年时,地球上也会有大量冰川消失,北极夏季海冰有可能在21世纪就完全消失。

测冰，卫星未来还能记录更多

通过雷达和光学卫星图像，人们还可以监测冰川的表面融化状态，识别冰川表面的物质平衡线（消融量等于积累量的位置）；监测冰川表面运动速度，评估其可能的跃动或崩塌风险。

一方面，随着遥感器性能的提升、智能算法的增强，冰川监测的效率和精度将进一步提升，实现更精准的冰川变化监测。比如，人们通过高时空分辨率的视频卫星实时监控、传输冰川动态，就像在卫星上安装了摄像头一样随时查看情况，可以有效减少冰川跃动、冰湖垮塌造成的灾害。

另一方面，未来可能有新的遥感"黑科技"出现，能够精准地大范围测量冰川的绝对厚度，以及冰川表面降雪量、末端径流量等参数，实现对冰川更全面的监视和记录。

林火遥感：森林防火守护神

陶金花　范萌　李忠宾

　　森林具有极高的保护价值，而对其最大的破坏，莫过于森林大火。虽然原始森林中鲜有人类活动，但也会因为雷电、干旱及异常高温等自然因素发生林火。因人迹罕至，以及缺少现代通信设备，如果出现火情，将很难及时扑灭和遏制。

　　那么，人们如何及时发现森林火情、尽早扑灭，以避免引起无法控制的大火？这时，卫星遥感可以派上大用场，该监测手段已成为现代人类保护原始森林的重要技术手段。

发现火情：利用颜色差和温度差

　　通过卫星遥感技术，人们可以不在森林内安装任何设备，而在地球上空几百千米甚至几万千米高度，就能感知火情。40多年前，美国发射的气象卫星（NOAA）就具备了对地球高温火点的感知能力。在我国，利用卫星监测森林大火最早始于1987年的大兴安岭原始森林特大森林火灾，至今已有30多年的应用历史。目前，通过卫星遥感技术监测森林火灾在全球范围内已得到广泛应用。

　　卫星遥感就如同携带有"照相机"的卫星，卫星绕着地球转的同时，拍下地球的"照片"。人们熟悉的卫星"拍照"方式，是像手机、相机一样的"所见即所拍"。但用以发现火情的照相机,可不是普通的相机,它能看到人眼看不到的"温度",是一台"红外"相机。它拍回来的照片,不是翠绿的森林和蔚蓝的海洋,而是地球表面的温度。

研究人员利用卫星遥感,对2023年6月加拿大不列颠哥伦比亚省特劳特湖区域地表温度进行观察。下图中,左图是我们肉眼常见的真彩色图像,与地面的真实景物颜色基本一致,我们在白色浓烟中可以清楚看到正在燃烧的红色火焰。右图则是同一时刻、同一位置的地表温度图像。从图中可以清晰看出,与左图两处火焰相对应的位置,火焰处的温度明显高于其他地区(呈现红色)。

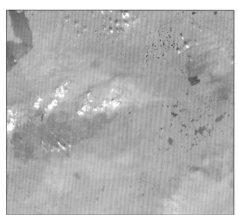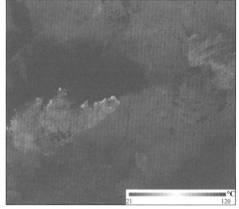

图4-29　地表真彩色图像(左)和地表温度卫星监测图(右)

地球表面的平均温度为15℃,即使是夏季的沙漠,最高温度一般不超过70℃,而森林火灾的温度一般在400~900℃。发生火情的位置和其周边相比,两者至少有300~800℃的温度差。卫星遥感技术就是利用这个温度差来判断某一位置是否可能是高温火点,当温度差超过一定阈值即认为相应位置可能是高温火点。

利用卫星遥感技术,还可以看到林火的蔓延过程。下图是加拿大不列颠哥伦比亚省特劳特湖附近的某个火场的卫星监测结果。该场林火自2023年5月13日开始,起火点有两个,位置见图中红色部分;后火势经过逐日蔓延,至5月22日,共计过火面积大约达到1495平方千米;图中不同颜色的点表示不同日期的过火位置和区域,可以清晰呈现这场火朝西南方向蔓延的过程。

图4-30 2023年5月加拿大特劳特湖附近火灾蔓延过程卫星监测图

准确研判:重在甄别热源

是否地球表面的高温点都是森林大火?答案:当然不是。

地球表面除了森林大火点是高温点,还有很多热源温度非常高。例如自燃的

空天之眼

露天矿、某些大型工厂烟囱等工矿热源。如何才能准确区分某一高温点是森林大火点还是工矿热源?这就对研究人员判断火情的准确性提出了极高的要求。

根据研究发现,不管是露天自燃矿还是工厂,它们都有一个共同特征,就是这个高温点会长期在固定位置,不会随着时间发生位置移动。而森林大火会随着当前可燃物被烧光,发生火线位置变化的现象。通过这个位移变化规律,研究人员可以事先将所有的固定工矿热源找出来。当卫星每次"拍照"的时候,从其监测的所有高温点中将固定工矿热源去掉,即可确认火点。如果这个火点位于森林地区,则可判定是森林火点。

及时响应:为救火赢得时间

卫星监测可以及时发现野外火点,尤其在人少或者无人的原始林区,是目前性价比最高的监测技术手段。一颗拥有"火眼金睛"的极轨卫星,绕着地球南北极转动,可以对同一地点一天"拍照"两次。一颗拥有"火眼金睛"的静止卫星,站在地球上空保持不动,可以每5至10分钟对地球"拍照"一次。目前在我国,有十余颗卫星可用于森林火情监测,这些卫星每天可对全国"拍照"两百余次,平均不到10分钟即可"拍照"一次。

但目前难以解决的一个问题是,由于卫星数据量大、网络传输耗时、处理过程复杂,从卫星"拍照"时刻算起,到最后分析出准确的森林火点位置,依然需要20至40分钟的时间。而对于森林大火扑救,可谓分秒必争,这就要求尽量缩短数据处理时间,为火情扑救赢得宝贵的时间。

那么,如何解决延时与紧迫性的矛盾?现阶段,卫星数据处理都是先将数据传输到地面,再利用计算机处理数据。由于卫星数据量较大,数据传输非常耗时,研究人员只能通过提高网络带宽、设计高效的传输方法等方式尽量缩短数据传

170

输时间。同时,卫星数据处理复杂度高,研究人员需要通过设计高性能计算方法和采用高性能计算机提高计算效率。总之,通过缩短各个环节的处理时间,尽早给出火情信息。

此外,虽然目前有十余颗卫星可以有效监测不同规模的高温火点,卫星遥感技术已在我国森林防火中发挥了重要作用,但对于实现森林防火要求的"打早、打小"目标,还有一定距离。目前,可对"大火"监测的中低分辨率卫星已经基本24小时覆盖,但能对"小火"监测的中高分辨率卫星数量不足,导致我国对"小火"监测还存在很多时间盲区,准确捕捉"小火"信息的能力有限。因此,还需要发射数量更多、分辨率更高的卫星,提升对"小火"的捕捉能力,为火情扑救争取宝贵的时间。

实时监测:林火遥感的未来目标

卫星遥感对高温火点的监测,除了可用于原始森林的火情监测,也可用于其他森林及草原火情监测、农业秸秆焚烧监测以及电力行业的山火监测等。可以说,卫星遥感是自然生态安全保护的重要技术手段之一。

未来,随着新发射卫星携带的计算处理器性能提升,星上处理能力将大幅提升,卫星可以直接处理完成海量数据,并及时传回火点信息。这将大大缩短数据传输时间,提高火点监测的时效性,从而做到真正的实时监测,在林火监测及相关领域发挥更大的作用。

考古遥感：跨越千年寻访者

于丽君　朱建峰　杨林

公元前60年，西汉在乌垒城设立西域都护府，以确保政令通行、丝绸之路畅通。20世纪初，海内外考古学者先后来到新疆对府治遗址展开考察。但由于自然环境变迁、缺乏充足史料记载，西域都护府究竟在哪里，仍是一个未解谜题。

近年来，随着科技的发展，传统考古工作有了一双新的"眼睛"——遥感。相比地面考古调查，太空中的卫星和天空中的飞机等遥感平台为考古提供了不一样的视角，也提供了不可替代的信息。

这为寻找西域都护府的确切位置带来了转机。

遥感技术带来考古惊喜

西域都护府作为汉代中央治理西域的最高政治机构，人们对其治所位置的探寻成为考古及历史学者钻研近百年的课题。近年来，空天院、国家博物馆和新疆文物考古研究所等单位联合，将遥感、物探技术与文献考证、实地考察等手段相结合，进一步推进寻找西域都护府的考古研究。

研究人员通过历史记载和文献，初步划定遗址可能所在区域，利用多源遥感数据对该区域进行大范围探测，发现考古感兴趣区，进一步采用多种地球物理手段对感兴趣区进行勘探，验证并获取地下埋藏目标信息，通过地上地下一体化考古探测与综合分析,获取古城的布局和形制等方面信息,最后通过传统考古钻探进行了验证。

　　遥感考古探测的结果为考古调查和发掘提供了重要的参考信息。根据林梅村的研究,"汉代西域三十六国流行圆城,而中原多为方城"。基于航空和航天遥感影像发现奎玉克协海尔古城为圆角方形结构,表现西域与中原特色的融合,城墙边长约230米,为汉代的百丈,符合汉代规制。

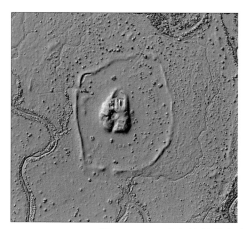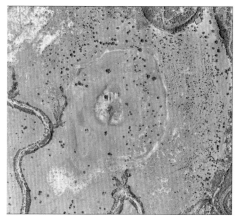

图4-31　无人机航拍数字高程模型(左)和正射影像(右)

　　研究人员在遥感影像上发现古城高台周边有一圈环形异常,尤其是降雨后表现出明显的潮湿标志,后经地球物理探测其水分含量高于周边,推测为壕沟。研究人员在城内和疑似壕沟多处进行钻探发现大量的红烧土和灰烬层,后者经C[14]测年计算得出距今约2200年(汉代)。

　　研究人员依据现场调查和勘探分析结果,发现古城高台最高处距地面六米左右,推断其早期为"多级高台建筑",据此模拟复原了奎玉克协海尔古城原貌。

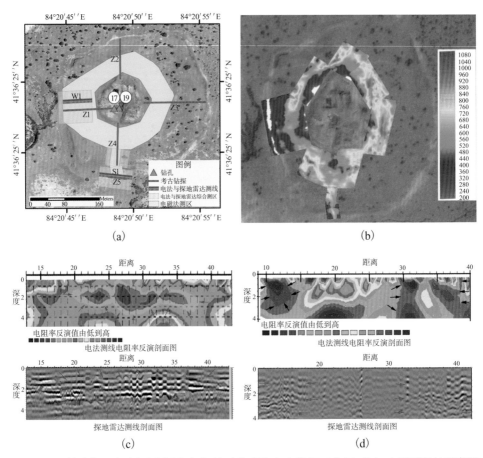

图4-32 地球物理考古探测分析。(a) 地球物理和考古钻探工作区;(b) 电磁测量结果(图/陈富龙);(c) 南城墙西侧缺口处电法与探地雷达探测结果;(d) 西城墙至高台测线的电法与探地雷达探测结果

图4-33 奎玉克协海尔古城远景图(左)与复原图(右)

2017年12月,"汉唐丝绸之路的开拓——西域都护府研讨会"在新疆轮台县召开,与会学者认为西域都护府遗址位置可初步确认在新疆巴州轮台境内。这不仅证明汉朝中央政权对西域各地的管控,也有力证明了自汉代起新疆就是我国领土不可分割的一部分。

遥感技术赋能考古创新

正如在找寻千年古城时贡献出"慧眼",遥感技术在文物的发现、保护与修复等领域不断发力,并逐步形成遥感考古这个独具特色的研究领域。遥感考古是指利用遥感对考古遗存进行发现与识别的无损探测技术与方法。当地表、浅地表存在考古遗迹或遗物时,后者会影响周围土壤的物理化学性质,导致土壤结构、含水量、营养成分与未经扰动的自然堆积之间存在差异,从而在遥感影像上形成植被、土壤、阴影、潮湿等考古标志。更重要的是,遥感影像还能够记录和解释遗址及环境的历史变化,尤其是随着遥感考古理论与方法的发展、多种技术方法的引入与融合,遥感影像能够实现对考古空间信息的深入挖掘、综合研究和多维展示,为考古调查与发掘、文化遗产保护工作提供科学数据和技术支撑。

遥感能够根据考古调查、遗址监测等不同应用场景需求,通过地面、飞机、卫星等不同观测平台获取多尺度和多时相的遥感观测数据,具有宏观综合、动态实时、客观准确、时空回溯、全天时全天候、穿透能力强等优势。

随着遥感考古技术创新和应用研究的不断深入,地理信息系统、地球物理、虚拟现实、机器学习、数据挖掘、知识图谱、物联网等新兴技术逐渐融入遥感考古研究,拓展了遥感考古研究的思路、方法和内容,提高了田野考古工作和文化遗产保护的水平,推动遥感考古研究步入崭新的时期。

我国遥感考古实践

我国遥感考古技术应用开始于20世纪60年代修建三门峡水库时,研究人员利用航空照片分析库区古代遗址、墓葬的分布。此后研究人员利用遥感技术开展了北京长城航空遥感调查、寿春城遥感解译、陕西和宁夏交界处干沙掩埋的古长城探测、秦始皇陵遥感考古勘探等研究工作。2001年,中国科学院、教育部、国家文物局联合成立"遥感考古联合实验室",标志着我国遥感考古应用进入了新的阶段。近年来遥感技术广泛应用于考古调查、发掘、文物保护与研究工作,取得了系列突破性进展和标志性成果。

遥感考古调查与发现。例如,在海南、新疆第三次文物普查中,研究人员应用遥感技术对古城、墓葬、长城、坎儿井等不可移动文物进行调查,发现了数百处遗址,遥感技术尤其在茂密植被覆盖区、荒漠和戈壁等无人区大范围的考古调查中发挥了重要作用。

文化遗产保护监测与三维复原。例如,利用多分辨率、多时相的遥感数据提取元中都遗址本体及周边环境变化信息,实现遗产地综合监测;利用三维激光扫描技术对东汉函谷关、龙门石窟、佛香阁复杂大型古建筑进行三维复原,采用近景摄影测量对烽燧、戍堡、卡伦、驿站遗址进行三维复原,有力支撑文化遗产保护监测。

文物鉴定、修复与保护。例如,利用文物专用高光谱扫描成像系统,结合云计算、大数据,对彩绘类文物的隐藏病害进行无损提取和鉴定,为彩绘类文物保护与修复提供重要科学依据。在对敦煌莫高窟壁画起甲病害的评估中,采用近红外高光谱技术获取从未发生起甲到碎片脱落的病害周期内各个阶段的光谱信息,便于对文物病害位置进行有效保护。

遥感协同探测与大数据分析。例如,通过遥感、地理信息系统、地球物理等多元信息与技术融合,有效提升在京杭大运河、丝绸之路、长城等大型线性文化遗产和都邑性遗址研究中考古信息获取与协同探测分析能力。基于海量遥感数据构建了典型遗址样本库、遗迹波谱库、文物资源管理系统、中国世界文化遗产遥感数据库等,融合人工智能和遥感考古大数据分析方法,将海量多源遥感数据转化为文物信息和考古知识。

未来,遥感技术的广泛应用与文物行业需求的有效牵引将促进遥感考古基本原理、技术方法、应用水平的全面提升,推动建设适合中华文明的遥感考古应用体系,促进考古智能化、定量化发展,为建设中国特色、中国风格、中国气派的考古学贡献遥感力量。

应急遥感：防灾减灾千里眼

王福涛　赵清

　　我们几乎每天都可以从新闻中看到来自世界各地关于灾害的报道。随着社会经济的发展,防灾减灾已成为全社会最关心的话题之一。

　　重大灾害现场往往具有环境复杂、危险性高、不易到达等特点,这对救援人员及时了解灾情、开展科学救灾提出了严峻的挑战。遥感技术具有数据获取范围广、速度快、周期短、手段多和安全等优点,在我国防灾减灾业务中发挥着越来越重要的作用。前文中的"林火遥感"即是应急遥感的重要场景之一。

卫星遥感：大范围、长时间监测

　　卫星遥感可从高度约400千米至3.6万千米的外太空"观测"地球,就像在天上的"眼睛",可以无时无刻、大范围地关注着地球上发生的一切,而因为它搭载的遥感器各种各样,它能够感受到很多人眼感受不到的信息,例如地表的温度、空气的含水量、各种污染气体、土壤含水量等。卫星遥感是目前在防灾减灾领域应用最为广泛的监测手段。

　　卫星遥感在灾害应用中最大的优势是监测范围广,可以对灾区进行连续监测。我国资源、高分、环境减灾、海洋系列卫星和风云一号、三号极轨气象卫星等太阳同步轨道卫星,既能获得最高空间分辨率到亚米级的高清晰度地面影像,也能获取覆盖范围达到数百直至数千平方千米的地面影像。这样既可以全覆盖地监测洪水、火灾、滑坡、泥石流等多种灾害发生和影响的范围,也能精细监测和评估因灾害导致的房屋倒塌、道路阻断、堤坝溃决、火灾损毁等灾情信息。

此外,为了提高观测的时间分辨率,风云二号、风云四号、高分四号等对地观测卫星运行在地球同步轨道,也就是在赤道上空3.6万千米高度上,以和地球自转角速度相同的绕地球转动角速度,保持对同一地区的持续观测。这对实时跟踪灾害(比如台风、森林草原火灾等)的发生和发展情况起着重大作用。

图4-34　2020年8月甘肃省陇南市文县山洪、泥石流、滑坡和崩塌灾害遥感监测

图4-35　2023年1月28日至30日广西桂林兴安县溶江镇森林火灾动态监测图

航空遥感：机动性、高精度监测

多光谱、高光谱、热红外、合成孔径雷达等遥感器同样可以搭载在航空遥感平台上。与卫星遥感相比，航空遥感观测高度更低、空间分辨率更高，虽然观测覆盖范围较小，但具有自主性强、影像清晰、使用灵活方便等优点，在小范围灾区或需要重点关注的局部灾区可以发挥重要作用。

伴随无人机商业化发展，相关应用成本在逐渐降低，无人机遥感近年来在灾害防治及应急处置业务中得到快速发展和推广应用。目前，我国大部分省（市）应急管理部门和业务支撑单位都已经配备了一定数量的无人机遥感系统。既有可以搭载可见光或热红外遥感器的小型多旋翼无人机,也有可以搭载可见光、热红外、微型合成孔径雷达等更多载荷的中型固定翼无人机,在泥石流、滑坡、崩塌、溃坝、龙卷风、化工厂爆炸等灾害场景下得到广泛应用。特别是搭载合成孔径雷达遥感器的中型固定翼无人机,不仅具备续航能力强、适应雨雾环境、抗风性强的特点,还具备穿雾透雨、夜间成像的能力,可以实现在雾天、雨天或夜间不良条件下对洪涝淹没区域、地震损毁房屋的有效监测,极大提高了复杂环境下的灾情获取和信息辅助决策的能力。

图4-36　2019年3月山西省临汾市乡宁县枣岭乡山体滑坡灾后无人机遥感监测图

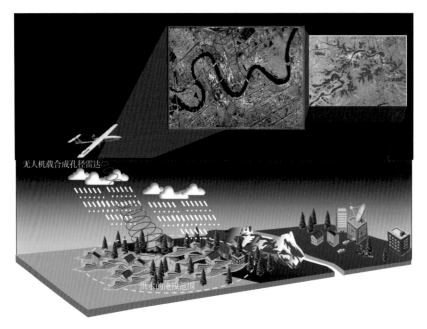

图4-37　在雨天、雾天或夜间不良条件下,无人机载合成孔径雷达快速获取地面洪水淹没信息示意图

空天一体化：全面提升灾害应急响应能力

目前,我国已经初步建成了以气象、资源、高分、环境、减灾和海洋卫星为代表的航天遥感空间基础设施,以有人机、无人机等为代表的航空遥感平台,不断深入参与科学防灾减灾。尤其是近年来,如在2008年汶川地震、2010年玉树地震、2013年芦山地震救援工作中,卫星遥感与航空遥感等技术手段均在地震灾情评估、次生灾害预警及灾后重建工作中发挥了重要作用。

但事实上,当前空天基础设施一体化协同监测集成应用还相对薄弱。例如卫星遥感尚不能实现全天时全天候监测,多源异构的航空遥感组网观测困难,单机作业效率、载荷平台适应性和空地之间协同支撑方面还存在着一些问题。

要实现重特大灾害应急响应的快速监测、准确评估和高效决策,迫切需要实现空天一体化协同监测的关键技术集成和高效应用,发展从地表到近地空间的空天一体化的自然灾害快速应急响应能力,为国家经济社会发展提供科学保障。

空天一体化协同监测一般分三个层次不断发展。一是卫星遥感的协同,例如在理想情况下,高分一号、高分六号和应急减灾二号 A/B 卫星协同,针对全国陆域范围具备 16 米可见光相机每天覆盖能力;高分一号、高分六号和高分一号 B/C/D 等 5 颗卫星搭载的 2 米空间分辨率多光谱相机协同,可实现重点区域的每天监测能力。二是航空遥感的协同,通过分析灾害典型应用场景的不同需求,建立航空器系统级组网观测的业务模型,解决大场景高精度、多视角高频次与立体化多谱段的观测技术,形成区域高频次迅捷航空器组网观测科学方案与技术体系,实现灾害现场信息实时快捷获取。三是航天和航空遥感的有机协同,实现卫星遥感为主,航空有人机、无人机抽样监测为关键补充的协同机制,提升灾害事故的应急观测时效与重点区域的精准稳定信息获取能力,实现重大自然灾害的全天时、全天候、全方位监测,满足全链条灾害应急、防灾减灾的实际需要。

检察遥感：公平正义捍卫者

刘朔　陈勇敢

公益诉讼是为保护公共利益而提起的诉讼，公益诉讼检察与刑事检察、民事检察、行政检察并列为"四大检察"。全国检察机关把公益诉讼检察作为新时代检察工作创新发展的重要方面。近年来，遥感特别是卫星遥感技术在检察办案中大显身手，为公益诉讼检察带来了巨大的质效。

现线索现真相，遥感技术大显身手

遥感技术采用"俯视视角"对地面进行观测，通过各类遥感器获取的远超人眼观察范围的光谱成像信息，在记录地物变化的同时，对发生在地表的疑似损坏公共利益的违法现象进行识别、监测、追溯、取证和评估，为检察机关快速发现线索、还原事实真相、精准量刑提供技术支撑。

遥感应用在检察办案领域的技术优势主要体现在三方面：

一是客观性。遥感图像原始数据的获取过程不受人为因素干扰，是客观真实的电子数据记录。

二是精准性。遥感图像逐像素地体现了对地观测的空间、光谱、辐射和时间的分辨率，可以识别和测量地物目标的位置、距离、大小、成分、类型、含量，以及上述目标属性在不同观测时间的动态变化。

三是高效性。遥感技术通过卫星、航空、无人机等多种平台上搭载的多类型成像遥感器,可大范围、快速地对地球表面实施面状成像,所获取的信息丰富全面,不受地面限制、无需到达现场,是高效、全面以及主动型获取、发现信息与线索的手段。

四是可追溯性。遥感平台尤其是卫星遥感可以对同一地点进行周期性重访,获取的遥感图像是地面变化的"时间切片",可清晰记录地表历史变化的情况。这些重要的"存档数据",能够追溯过去地表情况,实现历史场景重建,形成证据链条。

多领域多场景,遥感技术提质增效

值得一提的是,遥感数据是一种即使监督对象不配合也可以获取的数据,且支持跨区域、跨领域办案,这对检察机关非常重要。

在公益诉讼检察工作中,卫星遥感技术主要为生态环境资源等相关领域案件的辅助办理提供支持,帮助检察机关更好地了解生态环境保护、自然资源管理、土地利用变化、公共设施建设、文化遗产保护和城市管理等方面的情况,提升公益诉讼检察工作质效。

其中,在生态环境方面,遥感技术可用于发现环境污染、生态破坏、生物多样性损失等问题,获取大气、地表水、土壤等质量状况、污染物分布情况等信息。例如,遥感技术可以监测河流、湖泊等水体的水质情况,识别排污口、污染源等位置,进而评估污染程度和范围。

在自然资源方面,可以利用遥感技术获取自然资源分布和利用情况,发现自然资源利用中的问题,例如过度砍伐、非法采矿、草原退化、水资源过度开发等问题,从而评估资源损失的程度和范围。

在土地利用方面,可以获取城市和农村土地利用情况,对城市化、工业化扩张以及基本农田"非农化""非粮化"引起的土地利用变化等进行监测,及时发现违法用地、违规建设等行为。

在公共设施监管方面,可以获取交通、水利、电力等公共设施建设和运维情况,发现违法行为。例如,监测道路和桥梁的损坏区域、水利工程的使用情况等,评估公共设施的维护状况,从而为公共设施的保护和管理提供监督依据。

在文化遗产保护方面,可以对文物古迹、历史建筑等进行监测,及时发现破坏文化遗产等行为,同时可以监测历史建筑和文物古迹周边环境的破坏情况等,从而评估文化遗产的保护状况,为促进文化遗产保护提供监督支持。

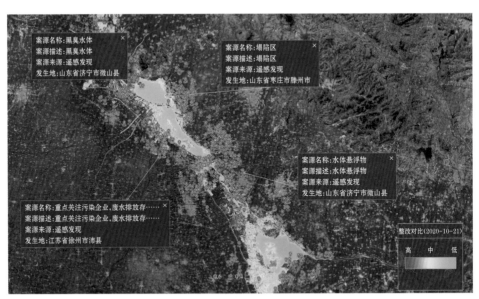

图4-38 天空地一体化数据分析辅助公益诉讼检察办案

全流程全方位，卫星遥感功效多多

卫星遥感技术应用是一种难得的、可以贯穿整个公益诉讼检察办案主要过程的方法。

例如，在案源发现过程中，通过卫星遥感技术可以对重点区域进行大范围监测；通过对获取的信息进行智能分析，可以发现可能存在的工业污染、环境破坏、资源浪费等问题，从而为检察机关提供可能的线索。

在线索研判过程中，可以利用卫星遥感技术获取信息手段多、信息量大等特点，对获取的信息进行研判分析，筛选出有价值的线索。例如，在土地资源保护领域，遥感技术可以获取关注区域的土地利用变化、违法占地等信息，通过分析比对筛选出有价值的信息，为检察机关提供更加精准的法律监督案源线索。

在调查取证过程中，可以发挥空间定位精度高、图像解析能力强等客观性特点，为检察机关提供更加准确、全面的证据支持。例如，在调查环境污染案件时，可以通过卫星遥感历史时序图像数据，获得污染过程的客观记录，并结合无人机搭载高精度遥感器，获取污染区域的现状数据和图像，进一步进行高精度确证。

在成效跟进过程中，尤其是案件办理结束后，可对违法行为的整治和生态环境的修复情况进行跟进。例如，在违法占地整治和生态环境修复案件中，可以利用卫星遥感技术定期跟踪获取土地利用变化和生态环境变化的信息，为检察机关提供有力的成效评估支持。

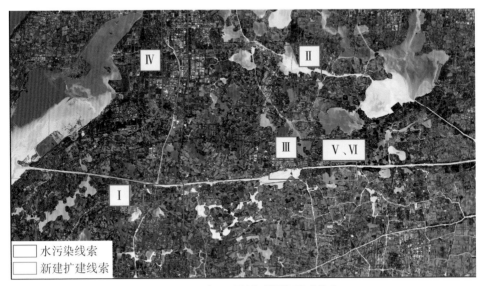

图4-39　利用卫星遥感图像形成线索

更高效更智能,遥感技术赋能数字检察

遥感技术不但可以真实记录地表行为的结果和过程,为数字检察办案提供重要的数据支持和信息处理手段,而且可以成为各种行为痕迹数据的时空基准框架,是推动数字检察办案更加智能高效的基础性技术。

公益诉讼遥感作为新兴领域,为数字检察工作提供了强有力的技术支撑。未来,遥感技术将提供更高时空分辨率的图像数据,在数字检察的背景下,促使更加高效、智能化的公益诉讼检察办案模式形成:一是通过大数据分析和人工智能技术的应用,实现对各类数据的深度挖掘和分析,使信息获取更加全面和精准;二是通过云计算技术的应用,实现对海量数据的快速处理和分析,提高数据处理时效和精度；三是应用领域更加广泛，公益诉讼遥感技术在生态环境和资源保护、食品药品安全、安全生产、自然和历史文化遗产保护等多个公共利益保护检察领域将得到更加广泛的应用。

第五章

壮美画卷　异彩纷呈

陇中高原
光学卫星遥感图像

数据源：高分二号卫星　假彩色合成
成像时间：2018年5月27日

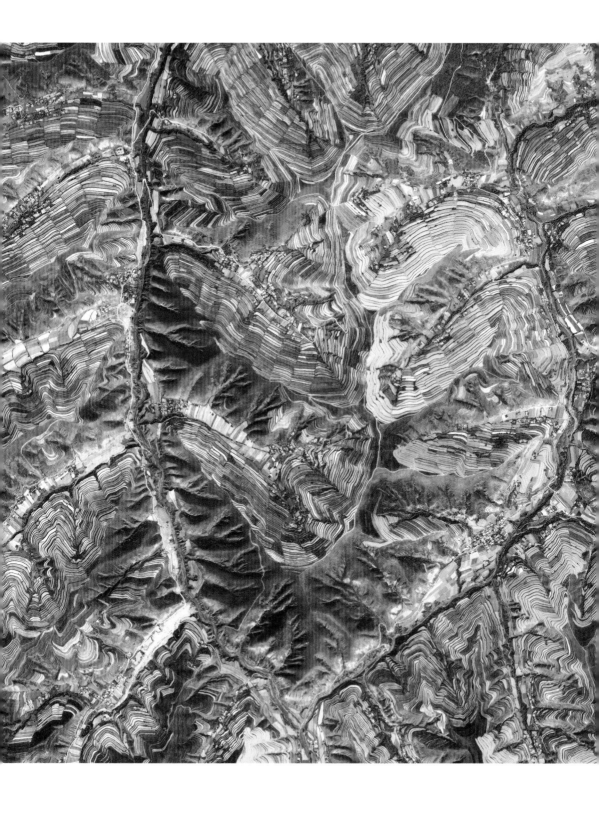

自然景观的雄浑壮美，山河的时空变迁，社会经济发展的日新月异……空天之眼尽收眼底，以更宽广、更精细的视野，记录与见证着神州风采。

本章节精选不同自然与人文景观等遥感图像。这些图像由陈永强、窦长勇、龙腾飞、彭燕、王桂周、苑方艳、张浩、张衡、张文娟等提供（按姓氏拼音为序）。

交通枢纽

北京大兴国际机场

数据源：高分二号卫星
成像时间：2021年12月26日

北京大兴国际机场位于京津冀区域中心，于2019年9月
建成并投入使用，是京津冀地区一处亮眼地标，被外媒
称为"新世界七大奇迹"之首。空天视野下的机场整体
造型像一只展翅的金凤凰。

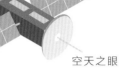

空天之眼

北京首都国际机场

数据源：高分二号卫星

成像时间：2021年12月26日

北京首都国际机场位于北京市东北郊，于1958
年正式投入使用，是中国三大门户复合枢纽之
一。目前拥有三座航站楼，其中三号航站楼俯瞰
之下犹如一条东方巨龙。

上海虹桥国际机场

数据源：高分二号卫星
成像时间：2022年4月11日

上海虹桥国际机场位于上海市长宁区和闵行区交界处，始建于
1921年。位于西侧的上海虹桥高铁站与虹桥机场通过多层通道建
筑联结，被称为虹桥交通枢纽。

上海浦东国际机场

数据源：高分一号卫星
成像时间：2022年7月28日

上海浦东国际机场位于上海市浦东新区，于1999年建成，是华东地区第一大枢纽机场。空天视野下的机场一号航站楼和二号航站楼完美对称。

广州白云国际机场

数据源：高分二号卫星

成像时间：2022年12月10日

广州白云国际机场位于广东省广州市白云区，始建于20世纪30年代，是粤港澳大湾区核心枢纽机场。整个机场造型结构完美对称，犹如一只展翅飞翔的大鹏。

北京南站

数据源：高分二号卫星
成像时间：2023年6月1日

北京南站位于北京市丰台区，始建于1897年，时称马家堡站；随着京津城际铁路建成开通，于2008年重新建设后正式启用，其外形为椭圆结构，远观酷似飞碟。

西安北站

数据源：高分七号卫星
成像时间：2023年3月4日

西安北站位于陕西省西安市未央区，于
2011年建成并投入使用，是目前西北地区
规模最大的铁路客运枢纽。远观具有浓郁
的汉唐风韵。

莘庄立交桥

数据源：高分七号卫星
成像时间：2022年2月21日

莘庄立交桥位于上海市闵行区，与五条高速、上海内环线、外环线连接，是沪闵高架路、沪昆和沪金高速公路的终点，与上海外环高速公路交会，桥下还有上海地铁1号线及沪杭铁路。它具有四层结构，拥有20条匝道。

盘龙立交桥

数据源：高分二号卫星
成像时间：2021年10月24日

盘龙立交桥位于重庆市南岸区，是连接朝
天门大桥、慈母山隧道、内环高速、机场
专用快速路的重要节点，具有五层结构，
拥有20条匝道、连通8个方向，每条车道犹
如一条条长龙，交织盘错。

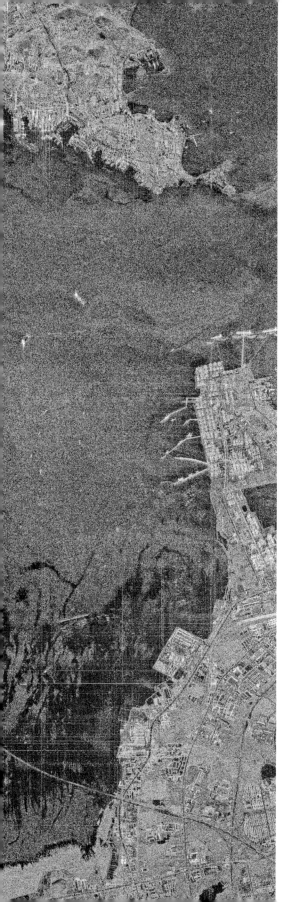

胶州湾大桥

数据源：高分三号卫星 假彩色合成
成像时间：2020年10月30日

胶州湾大桥是山东省青岛市境内黄岛区、
城阳区、李沧区及胶州市的跨海通道，山
东省省级高速公路网重要组成部分，桥梁
总长约31.6千米。

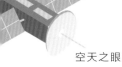

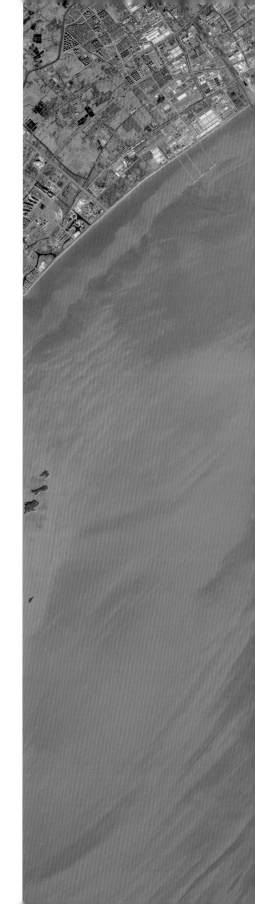

杭州湾跨海大桥

数据源：高分六号卫星 假彩色合成
成像时间：2023年2月18日

杭州湾跨海大桥是浙江省境内连接嘉兴市和宁波市的跨海大桥，是沈阳至海口高速公路组成部分之一。大桥北起嘉兴市海盐枢纽，上跨杭州湾海域，南至宁波市庵东枢纽立交，桥梁总长约35.7千米。

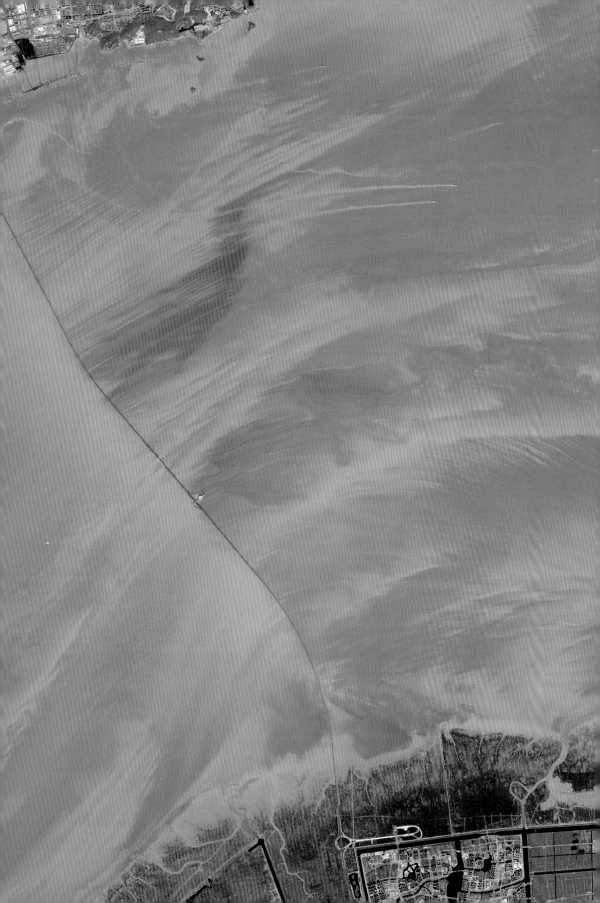

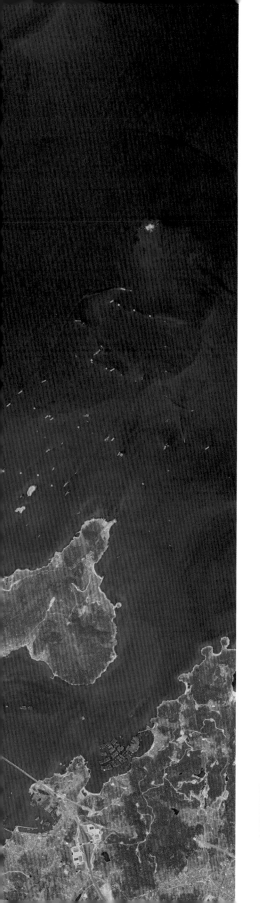

平潭海峡公铁大桥

数据源：高分一号卫星 假彩色合成

成像时间：2021年7月9日

平潭海峡公铁大桥位于海坛海峡北口，是福建省福州市境内跨海通道，福平铁路、长乐至平潭高速公路的关键性工程。大桥线路全长约16千米，其中上层为双向六车道高速公路，下层为双线铁路。

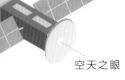

深岑高速深中通道

数据源： 高分三号卫星 假彩色合成
成像时间： 2021年12月29日

深岑高速深中通道连接深圳市、中山市和广州市南沙区，是深圳—岑溪高速公路的重要组成部分，是集"桥、岛、隧、水下互通"于一体的世界超级跨海集群工程。通道计划2024年底前全线建成通车。桥梁段总长约17.2千米。

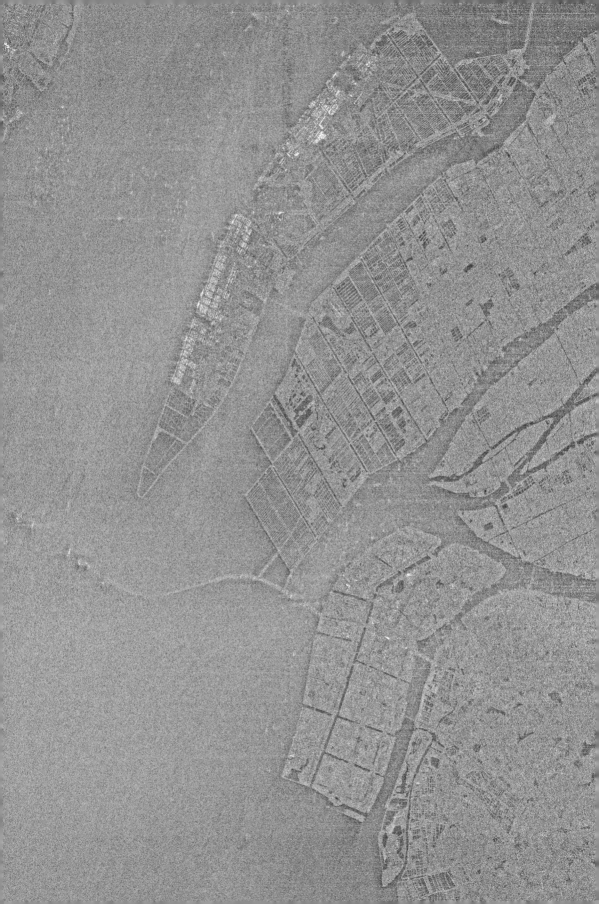

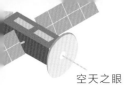

港珠澳大桥

数据源：高分一号卫星
成像时间：2023年3月5日

港珠澳大桥位于珠江口伶仃洋海域内，是连接香港、珠海和澳门的桥隧工程。大桥东起香港国际机场附近的香港口岸人工岛，向西横跨水域接珠海和澳门人工岛，止于珠海洪湾立交，桥隧全长约55千米。

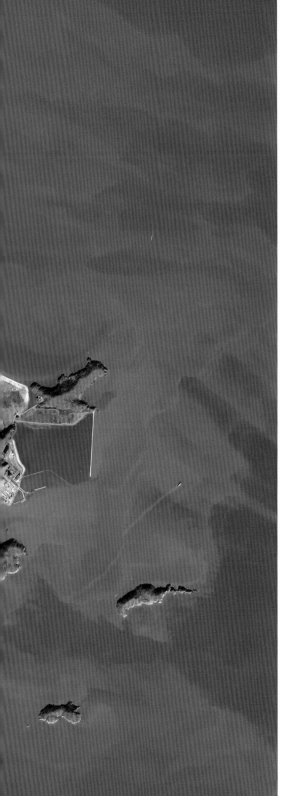

洋山深水港

数据源：高分六号卫星　假彩色合成
成像时间：2023年1月4日

洋山深水港位于杭州湾口外的嵊泗崎岖列岛，由小洋山岛域、东海大桥、洋山保税港区组成，于2005年开港，在业务上属于上海港港区，行政区划属于浙江省舟山市。可供开发的深水岸线约4.9千米，是上海国际航运中心的深水港区。

维多利亚港

数据源：高分七号卫星
成像时间：2021年1月23日

维多利亚港位于香港岛和九龙半岛之间，
是世界上三大天然良港之一，南北两岸的
景点多不胜数。由于港阔水深，为天然良
港，香港因此有"东方之珠"之美誉，香
港夜景也成为世界三大夜景之一。

水利设施

葛洲坝水利枢纽

数据源：高分二号卫星
成像时间：2022年10月23日

葛洲坝水利枢纽位于湖北省宜昌市境内的长江三峡末端河段上，1988年12月全部竣工，是长江上第一座大型水电站。葛洲坝水利枢纽工程是世界上屈指可数的巨大水利枢纽工程之一，是中国水电建设史上的里程碑。

白鹤滩水电站

数据源：高分二号卫星
成像时间：2023年6月3日

白鹤滩水电站位于四川省宁南县和云南省巧家县境内，是金沙江下游干流河段梯级开发的第二个梯级电站。2022年12月，水电站16台百万千瓦水轮发电机组全部投产发电，标志着我国在长江之上建成世界最大清洁能源走廊。

溪洛渡水电站

数据源：高分二号卫星
成像时间：2023年1月6日

溪洛渡水电站位于四川和云南交界，是国家"西电东送"骨干工程，2013年7月投产发电，是金沙江上最大的水电站。它以发电为主，兼有防洪、拦沙和改善上游航运条件等综合效用，可为下游电站进行梯级补偿。

都江堰

数据源：高分二号卫星

成像时间：2020年12月23日

都江堰位于四川省成都市都江堰市城西，坐落在成都平原西部的岷江上，约公元前276年至251年修建，是当今世界上年代久远、唯一留存、以无坝引水为特征的宏大水利工程，入选世界文化与自然双遗产。

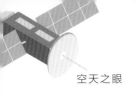

光伏电站

腾格里沙漠太阳能公园

数据源：高分六号卫星

成像时间：2023年6月12日

腾格里沙漠太阳能公园位于内蒙古自治区腾格里沙漠，面积约43平方千米，相当于40个标准足球场的大小，发电产能达1500兆瓦。它将光伏和沙漠治理、节水农业相结合，是沙漠光伏并网电站的先行者。

大同熊猫光伏电站

数据源：高分六号卫星　假彩色合成
成像时间：2023年2月3日

大同熊猫光伏电站位于山西大同县杜庄乡土井村西，年发电量约8万兆瓦。熊猫电站由黑白两种颜色组成。从高处俯瞰，熊猫爪子和耳朵等黑色部分，由单晶体硅太阳能电池组成；白色部分则由薄膜太阳能电池组成。

淮南水面漂浮光伏电站

数据源：高分二号卫星
成像时间：2023年7月5日

淮南水面漂浮光伏电站位于安徽省淮南市潘集区水面，是目前全球最大的水面漂浮光伏电站，也是三峡集团首个水上漂浮式光伏项目。它利用采煤沉陷区闲置水面建设而成。

龙羊峡水光互补光伏电站

数据源：环境二号卫星　假彩色合成
成像时间：2023年7月4日

龙羊峡水光互补光伏电站位于青海省共和
县与贵德县之间的黄河干流上，占地面积
约25平方千米，总装机容量约850兆瓦，
于2022年6月荣获最大装机容量的"水光
互补"发电站吉尼斯世界纪录称号。

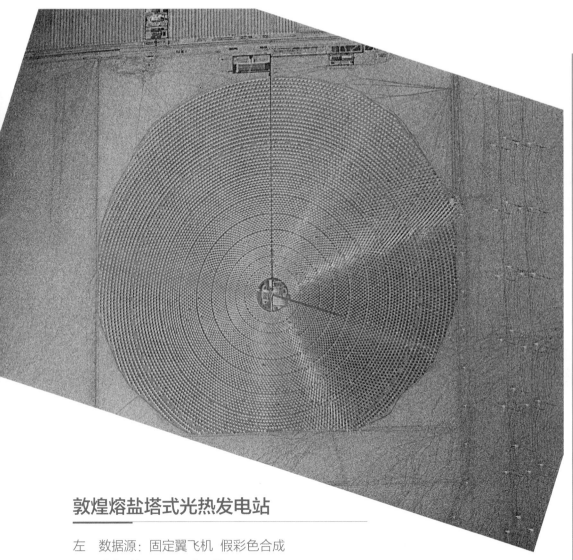

敦煌熔盐塔式光热发电站

左　数据源：固定翼飞机　假彩色合成
　　成像时间：2022年8月

右　数据源：高分七号卫星
　　成像时间：2021年8月27日

敦煌熔盐塔式光热发电站位于甘肃省敦煌市，是目前全球最高、聚光面积最大的熔盐塔式光热电站，占地面积约7.8平方千米，由一座260米高的吸热塔和超过12000面定日镜组成，被称为"超级镜子电站"，年发电量可达3.9亿度。

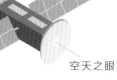

空天之眼

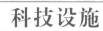

科技设施

中国遥感卫星地面站喀什站

数据源：高分七号卫星

成像时间：2022年10月25日

中国遥感卫星地面站喀什站由空天院建设运行，于2008年建成并投入运行，接收范围覆盖我国西部以及中亚邻国等区域，具备全天候、全天时、不同码速率的多卫星接收和测控能力。

航空遥感系统营口机库

数据源：高分七号卫星
成像时间：2023年5月29日

航空遥感系统营口机库是由空天院建设运行的国家级航空遥感系统的重要组成部分，位于辽宁省营口兰旗机场，总占地面积约7.6万平方米，是包含遥感飞机、遥感载荷和技术人员的综合运行基地。

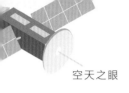

空天之眼

国家高分辨遥感综合定标场

数据源：航空遥感飞机
成像时间：2019年10月30日

国家高分辨遥感综合定标场是空天院研建的
示范性定标场，可开展多种遥感器进行场地
定标及校正，是全球自助辐射定标网首批示
范场之一。

高能同步辐射光源

数据源：高分二号卫星
成像时间：2023年5月22日

高能同步辐射光源是中国科学院、北京市共建怀柔科学城的核心装置，由中国科学院高能物理研究所建设运行，预计2025年交付使用。设施建成后，将成为世界上亮度最高的第四代同步辐射光源之一。

500米口径球面射电望远镜

数据源：高分七号卫星
成像时间：2023年10月21日

500米口径球面射电望远镜由中国科学院国
家天文台建设运行，位于贵州省平塘县克
度镇金科村大窝凼洼地，被誉为"中国
天眼"，是目前世界上最大的单口径球面
射电望远镜，开创了我国建造巨型望远
镜的新模式。

高海拔宇宙线观测站

数据源：高分七号卫星
成像时间：2023年4月1日

高海拔宇宙线观测站由中国科学院成都分院与高能物理研究所承建，位于四川省甘孜藏族自治州稻城县海子山，是目前世界上灵敏度最强的超高能伽马射线探测装置，核心科学目标是探索高能宇宙线起源以及相关的宇宙演化和高能天体演化，并寻找暗物质等。

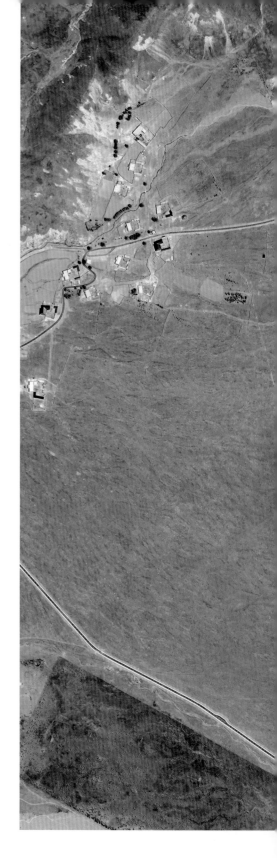

圆环阵太阳射电成像望远镜

数据源：高分七号卫星
成像时间：2023年5月30日

圆环阵太阳射电成像望远镜由中国科学院国家空间科学中心研制，是国家重大科技基础设施子午工程二期的标志性设备，位于四川省甘孜藏族自治州稻城县，由313个直径6米的天线组成，分布在直径1000米的圆环上，犹如一颗巨大的"千眼天珠"，将太阳活动尽收眼底。

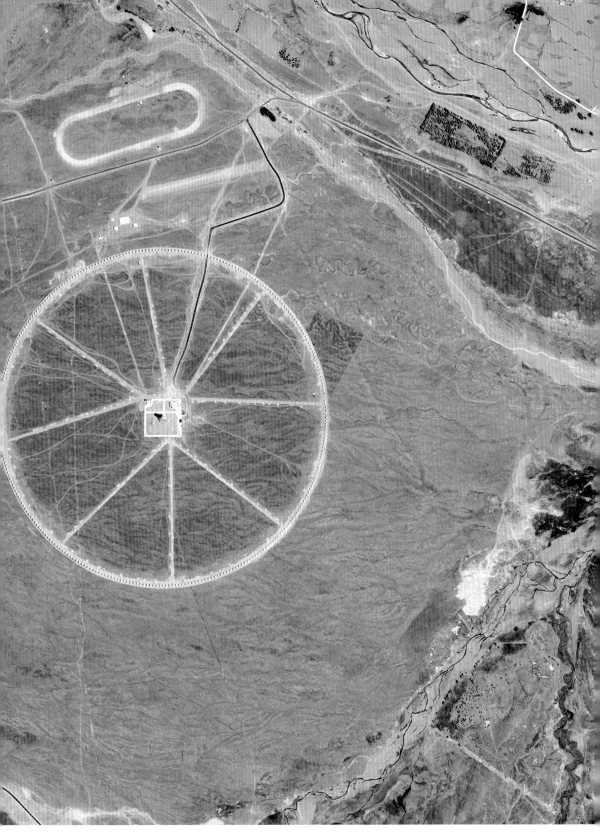

城市夜色

北京夜色

数据源：可持续发展科学卫星一号
成像时间：2022年1月3日

北京，中国政治、文化、国际交流、科技创新中心，历史文化名城。西部为西山属太行山脉，北部和东北部为军都山属燕山山脉。当霞光隐去，这里依然灯火璀璨，从空中俯瞰，宛若一张闪亮的棋盘，记录着京城光影交错下的陆地星河。

上海夜色

数据源：可持续发展科学卫星一号
成像时间：2023年1月19日

上海，中国国际经济、金融、贸易、航
运、科技创新中心，历史文化名城。位于
中国南北海岸中心点，长江和黄浦江入海
汇合处。华灯映水，夜色炫目，黄浦江两
岸更是灯光交相辉映，代表着这座城市最
生动的呼吸。

空天之眼

广州夜色

数据源：可持续发展科学卫星一号
成像时间：2022年6月26日

广州，广东省省会，地处中国华南地区、珠江下游，濒临南海，是中国重要的中心城市、国际商贸中心和综合交通枢纽，海上丝绸之路的重要节点，被誉为"千年商都"。夜幕降临时，万家灯火映照出城市璀璨的夜景，一派令人心醉气象。

杭州夜色

数据源：可持续发展科学卫星一号
成像时间：2023年1月24日

杭州，浙江省省会，长江三角洲中心城市之一，人文古迹众多，拥有西湖文化、良渚文化、丝绸文化、茶文化，因风景秀丽，素有"人间天堂"的美誉。夜幕低垂，沿着钱塘江望去，江水与城市灯光交相辉映，绘就了一幅幅灵动的画卷。

成都夜色

数据源：可持续发展科学卫星一号
成像时间：2022年12月21日

成都，四川省省会，是中国重要的高新技术产业基地、商贸物流中心和综合交通枢纽、西部地区重要的中心城市，自古有"天府之国"的美誉。夜晚的城市如同放射性的闪光蛛网，壮丽兼具细腻，将历史与现代完美包罗融合。

空天之眼

风景名胜

北极村

上　数据源：高分二号卫星　假彩色合成
　　成像时间：2022年9月12日

下　数据源：高分七号卫星　假彩色合成
　　成像时间：2021年12月23日

北极村位于黑龙江省大兴安岭地区漠河市北极镇、处于黑龙江畔，是全国观赏北极光的最佳观测点、中国"北方第一哨"所在地，也是中国最北的城镇。每年夏至前后，这里一天24小时几乎都是白昼。

红海景区

数据源：无人机
成像时间：2021年10月21日

红海景区位于新疆巴楚县阿纳库勒乡，拥有迄今世界上连片最大、保存最完好的约316万亩天然胡杨林。胡杨耐干旱和盐碱、耐严寒和酷暑、抗风沙和贫瘠，分布在中国西北沙漠戈壁地带，是唯一能在大漠成林的落叶高大乔木。

新疆特克斯县

数据源：高分二号卫星　假彩色合成
成像时间：2021年10月10日

新疆特克斯县因八卦布局而闻名，始建于1937年。它的城市中心为一个巨大的圆形花园，由此向外辐射八条大街，从内向外四条环路联通，达到路路相通、街街相连的效果。它被称为世界上最大、最完整的八卦城。

空天之眼

北京奥林匹克公园地区

左　数据源：航空遥感飞机　假彩色合成
　　成像时间：2000年9月

右　数据源：航空遥感飞机
　　成像时间：2009年8月

北京奥林匹克公园地处北京城中轴线北端，总占地面积11.59平方千米，是2008年奥运会的"心脏"，容纳了44%的奥运会比赛场馆和绝大多数配套设施，包括人们熟知的鸟巢、水立方、森林公园，还有贯穿南北的龙形水系等。

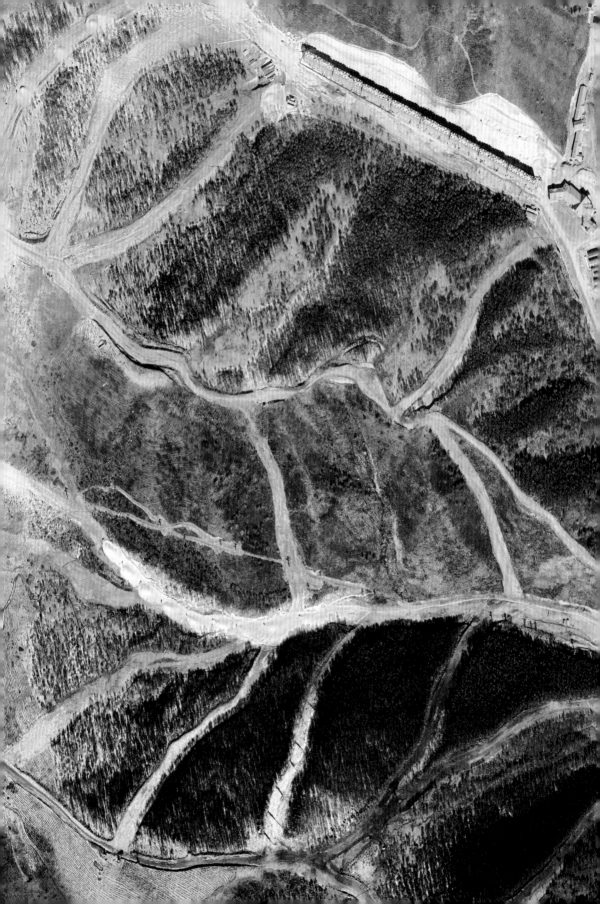

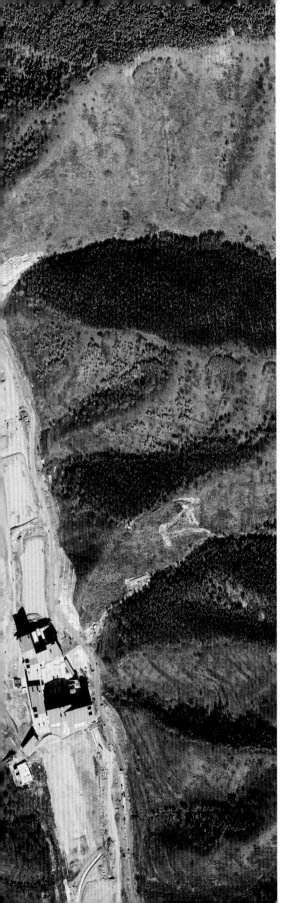

冬奥会崇礼滑雪比赛场

数据源：航空遥感飞机
成像时间：2015年10月

作为北京2022年冬奥会雪上项目举办地之一，崇礼拥有7家大型滑雪场，是中国最大的滑雪聚集区之一。其中云顶滑雪公园是冬奥会和冬残奥会自由式滑雪及单板滑雪的比赛场馆，也是冬奥会中唯一依托现有滑雪场建设的雪上竞赛场馆。

高北土楼群及龙岩行政中心

左　数据源：高分二号卫星
　　成像时间：2023年4月17日

右　数据源：高分七号卫星
　　成像时间：2021年2月7日

高北土楼群位于福建省西南部龙岩市永定区，全村几十座土楼，其中承启楼有"圆楼之王"的美誉，高四层，内四圈，结构复杂。龙岩行政中心以方形土楼群体组合布局，主楼中部为圆形土楼式的接待展示厅，极具地方特色。

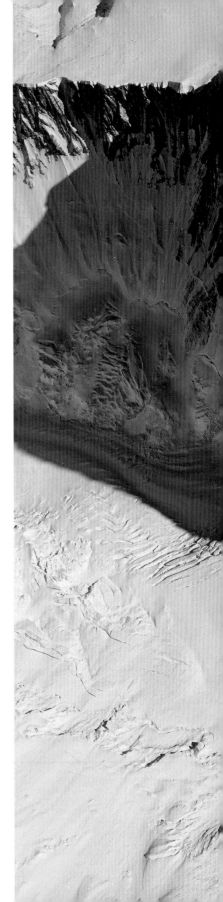

山川地貌

珠穆朗玛峰

数据源：航空遥感飞机
成像时间：1988年5月

珠穆朗玛峰是喜马拉雅山脉的主峰、一条近似东西向的弧形山系，山体呈巨型金字塔状，地形极端险峻。早在19世纪初，它就是世界登山者和科学家所向往的地方。

绒布冰川

数据源：高分六号卫星 假彩色合成
成像时间：2020年12月26日

绒布冰川位于喜马拉雅山脉，地处珠穆朗玛峰脚下海拔约5300米至6300米的广阔地带，由西绒布冰川和中绒布冰川组成。冰舌平均宽约1.4千米，平均厚度约120米；其补给主要靠印度洋季风带来降水，是西藏最雄奇的景色之一。

火焰山

数据源：高分六号卫星 假彩色合成
成像时间：2020年12月26日

火焰山位于新疆吐鲁番市、吐鲁番盆地的
北缘、古丝绸之路北道，呈东西走向。它
是天山支脉之一，主峰为青龙嘴，周边为
农田绿洲。夏季最高温度可达47℃以上，
山体阳面地表最高温度可达80℃以上，堪
称中国最热的地方。

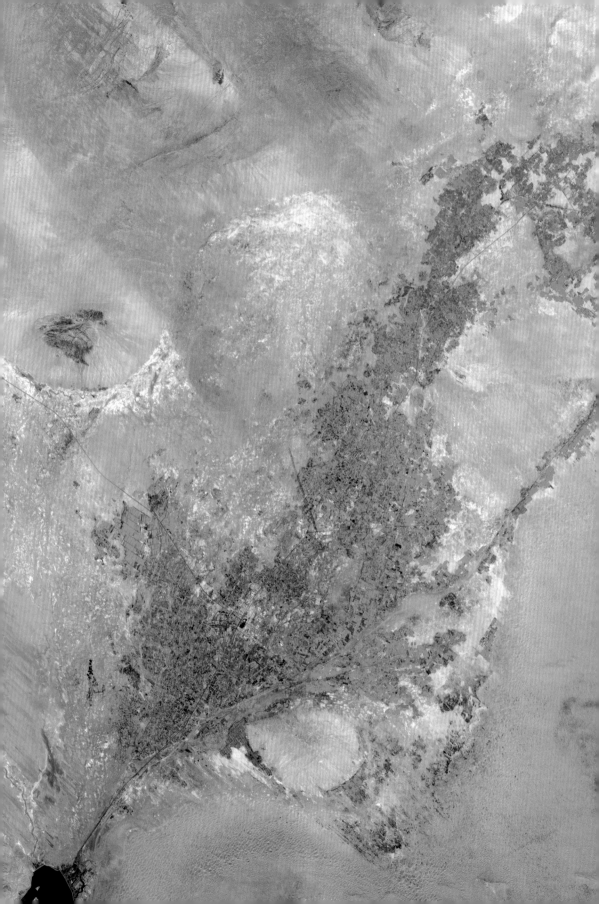

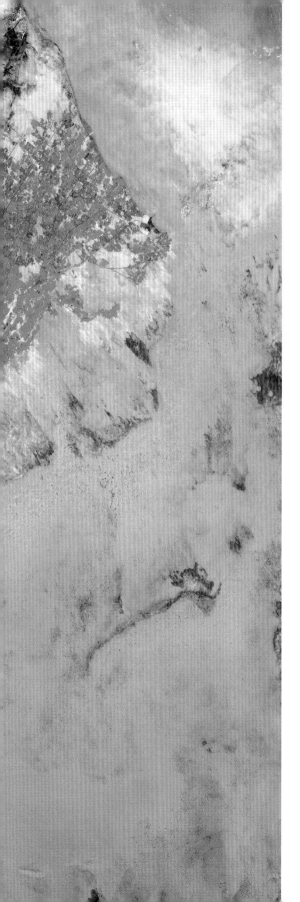

民勤绿洲

数据源：高分六号卫星　假彩色合成
成像时间：2019年8月18日

民勤绿洲位于甘肃省河西走廊东端民勤县，一般是指石羊河下游红崖山水库以下冲积成的绿洲带。它的核心为红崖山以下的坝区、泉山、湖区3个灌区，包括城镇、灌区和废弃的盐碱荒地，周围是广阔的沙漠、戈壁、低山等。

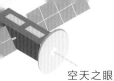

空天之眼

冲积扇

数据源：高分六号卫星 假彩色合成
成像时间：2021年10月

冲积扇是河流出山口处的扇形堆积体。当河流流出谷口时摆脱侧向约束，其携带物质便铺散沉积下来。它是以山麓谷口为顶点，向开阔低地展布的河流堆积扇状地貌，平面上呈扇形，扇顶伸向谷口，立体上大致呈半埋藏的锥形。

可可西里

数据源：高分一号卫星
成像时间：2021年1月

可可西里国家级自然保护区位于青海省玉
树藏族自治州，是世界上原始生态环境保
存较好的自然保护区，也是中国建成的面
积最大、海拔最高、野生动物资源最为丰
富的自然保护区之一。这里湖泊众多，被
称为"千湖之地"。

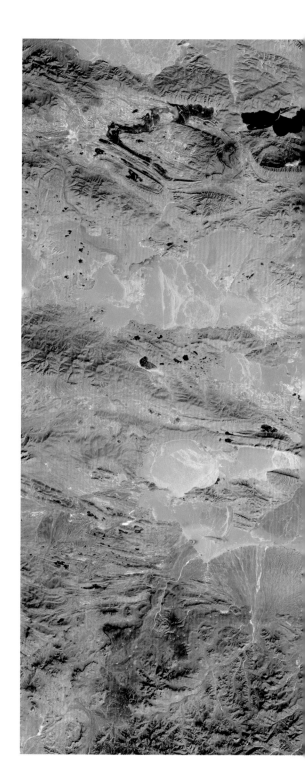

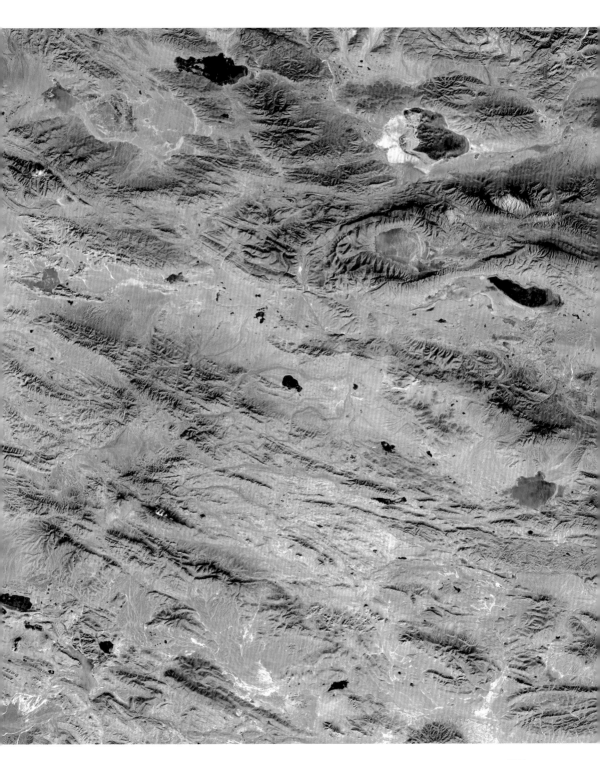

河流湖泊

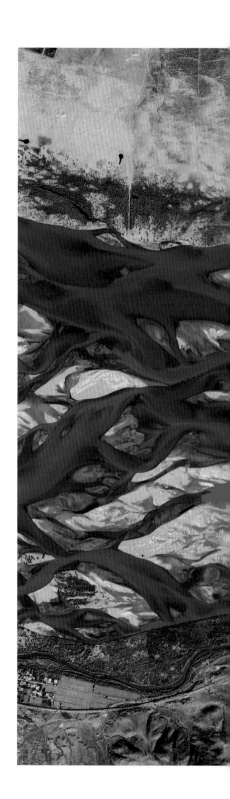

青藏高原河道

数据源：高分二号卫星

成像时间：2021年10月27日

青藏高原是中国最大、世界海拔最高的高原，被誉为"世界屋脊"以及世界"第三极"。图为位于日喀则附近的高原河道，水源主要靠地下水和冰雪融水补给，水温偏低、含沙量小、水质好、径流季节分配不均。

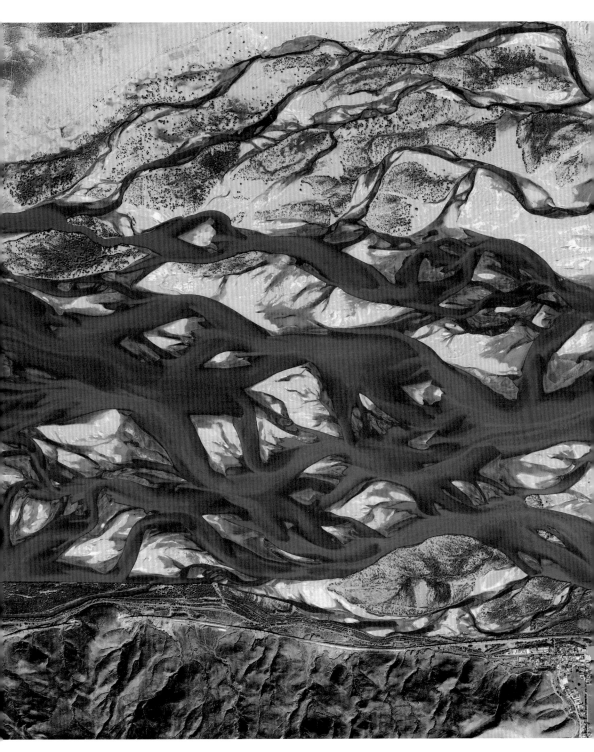

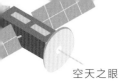
空天之眼

雅鲁藏布江大拐弯

数据源：高分一号卫星
成像时间：2020年8月18日

雅鲁藏布江大拐弯，广义上包括多个大拐弯，狭义上指雅鲁藏布江的最大拐弯处，即位于排龙乡扎曲村的扎曲大拐弯，是世界水能资源最为富集的地方，包括雅鲁藏布江最大支流帕隆藏布、尼洋河、金珠藏布以及察隅河地区。

空天之眼

兴凯湖

数据源：高分一号卫星 假彩色合成
成像时间：2018年10月13日

兴凯湖位于黑龙江省东南部和俄罗斯远东
滨海边区，是黑龙江流域最大的湖泊，分
大、小兴凯湖，均为造山运动地壳陷落而
形成的构造湖，两湖之间隔着一条长约90
千米、宽约1千米的天然湖岗。

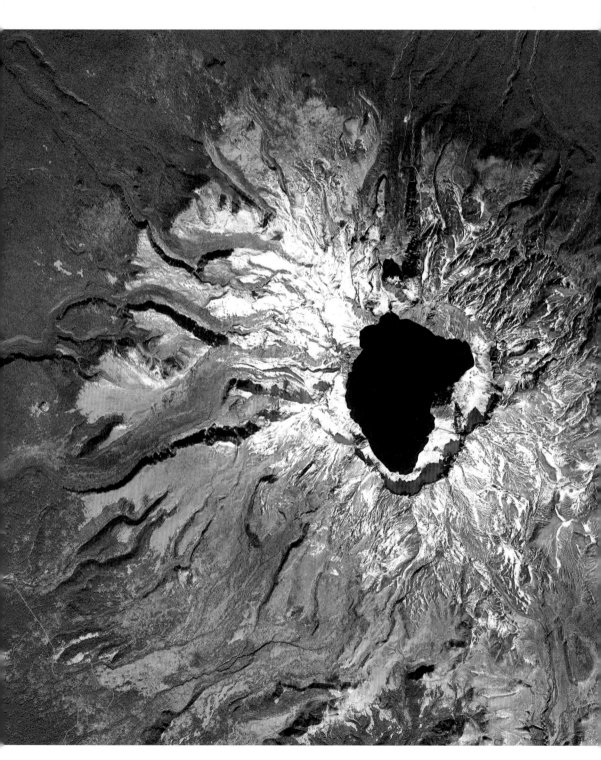

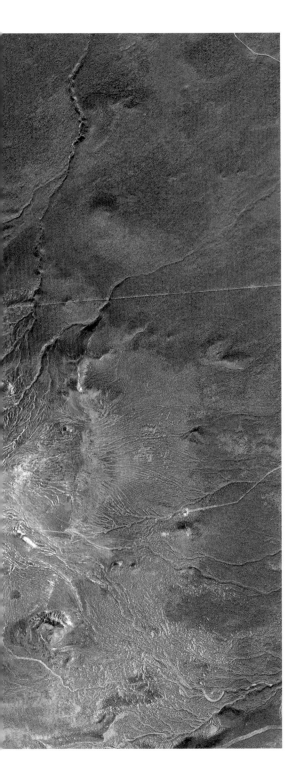

长白山天池

数据源：高分六号卫星
成像时间：2020年10月26日

长白山天池位于吉林省长白山自然保护区内，是中国和朝鲜的界湖，群峰环抱的池水深幽清澈。它是中国最高、最深的火山湖，也是松花江、鸭绿江以及图们江的发源地，素有"三江之源"的雅称。

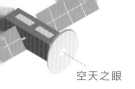

青海湖

数据源：环境二号卫星 假彩色合成
成像时间：2023年7月4日

青海湖位于青藏高原东北部、青海省境
内，由祁连山脉的大通山、日月山与青海
南山之间的断层陷落形成。湖面东西长、
南北窄，略呈椭圆形，是中国最大的内
陆湖。

纳木错

数据源： 高分一号卫星
成像时间： 2021年2月1日

纳木错位于西藏自治区中部，是西藏第二大湖泊、西藏"三大圣湖"之一，也是中国第三大咸水湖。湖面海拔约4718米，形状近似长方形。湖水来源于天然降水和高山融冰化雪补给，水体清澈透明，湖面呈天蓝色。

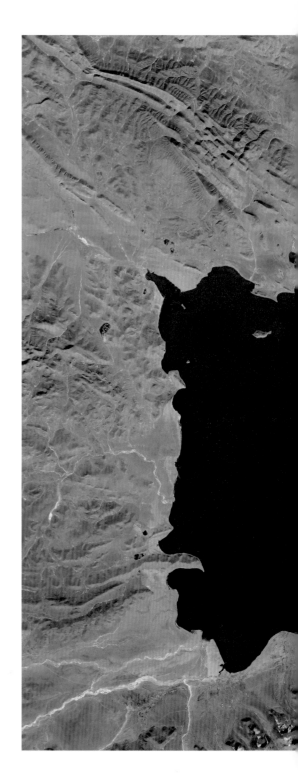

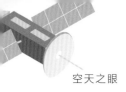

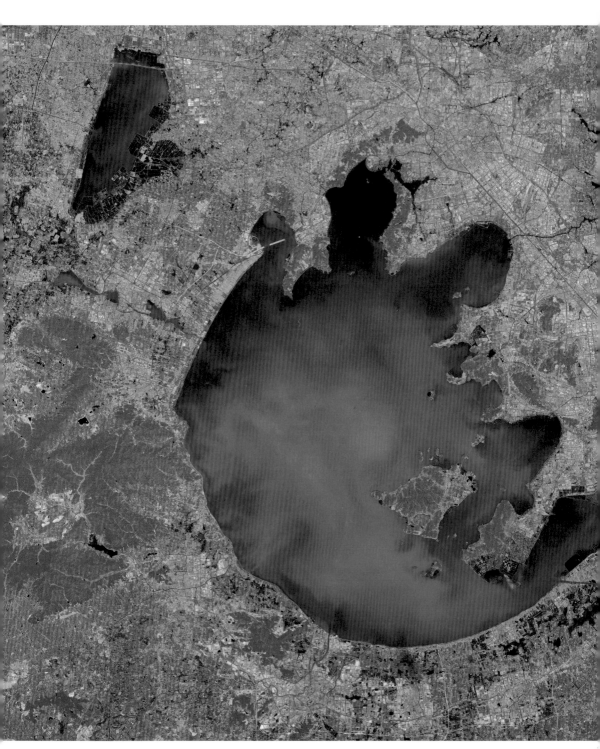

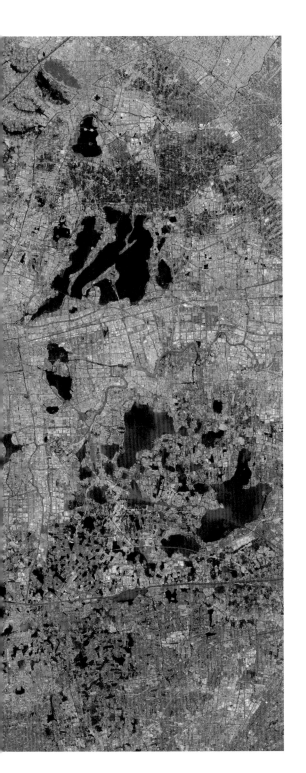

太湖

数据源：高分一号卫星　假彩色合成
成像时间：2023年5月1日

太湖位于江苏省南部、长江三角洲南缘，是中国五大淡水湖之一。这里河港纵横、河口众多，有主要进出河流50余条；岛屿众多，有"太湖天下秀"的美誉。位于东南部的西山是太湖中最大的岛屿，也是中国内湖第一大岛。

鄱阳湖

左　数据源：高分一号卫星　假彩色合成
　　成像时间：2021年1月19日

右　数据源：环境二号卫星　假彩色合成
　　成像时间：2021年10月4日

鄱阳湖位于江西省北部，是中国第一大淡水湖，也是中国第二大湖。它是长江中下游主要支流之一，也是长江流域的一个过水性、吞吐型、季节性的重要湖泊，其自然地理特征为洪水一片、枯水一线。

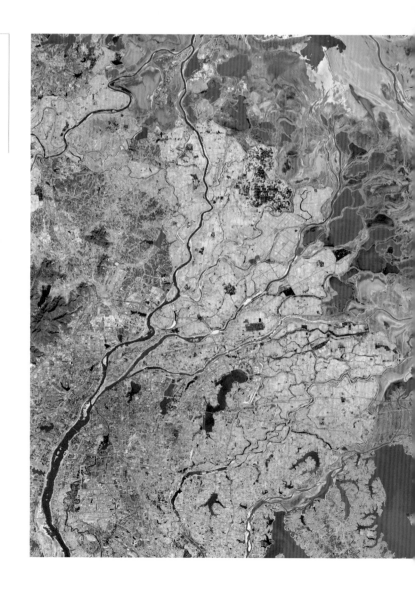

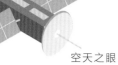
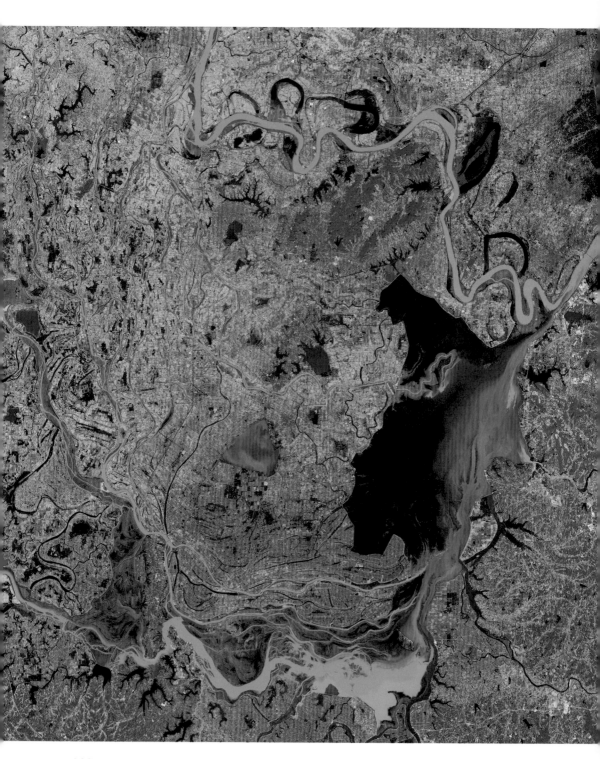

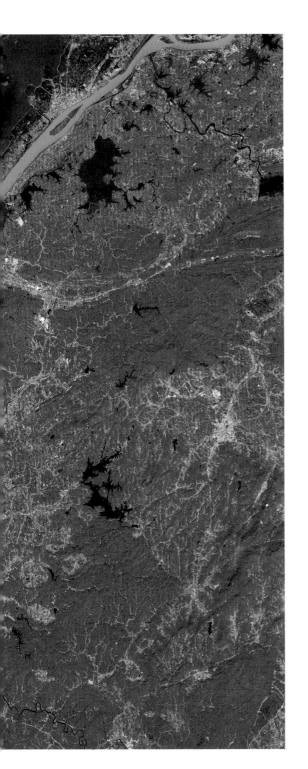

洞庭湖

数据源：环境二号卫星　假彩色合成
成像时间：2021年9月22日

洞庭湖位于长江中游荆江南岸，是长江流域重要的调蓄湖泊，具备强大的蓄洪能力；水位始涨于4月，7月至8月最高，11月至翌年3月为枯水期。它是历史上重要的战略要地、中国传统农业发祥地。

鸭绿江入海口

数据源：高分一号卫星
成像时间：2021年9月1日

鸭绿江入海口是中国大陆海岸线的最北
端。鸭绿江是中国与朝鲜的界河，发源于
长白山南麓，流向西南，流经中国吉林、
辽宁两省，于辽宁丹东注入黄海。

黄河入海口位于山东省东营市垦利区黄河口镇境内，地处渤海与莱州湾的交汇处，1855年由黄河决口改道而成。它有中国最完整、最丰富的湿地生态系统，有著名的黄河三角洲国家级自然保护区。

黄河入海口

左　数据源：高分一号卫星
　　成像时间：2020年4月29日

右　数据源：航空遥感飞机
　　成像时间：2019年11月

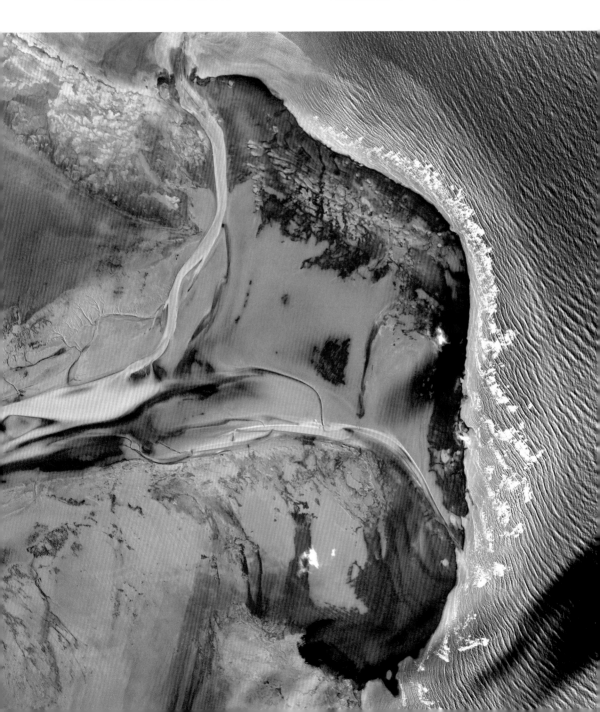

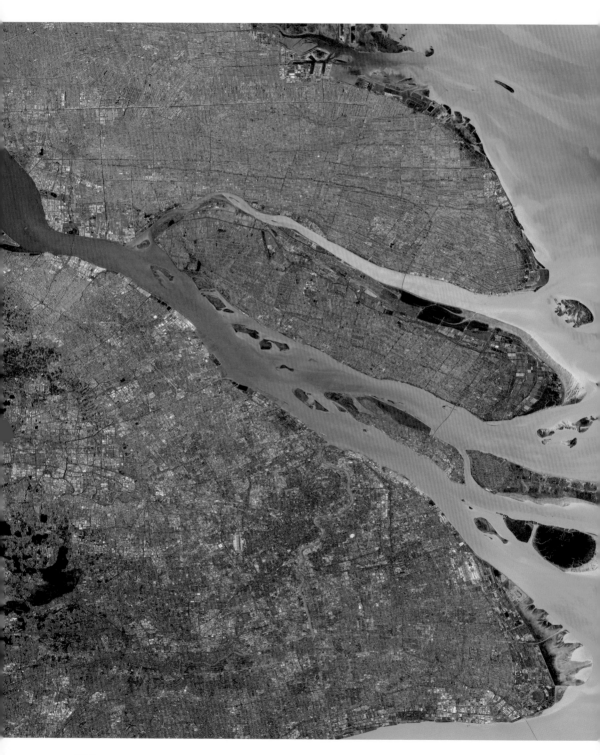

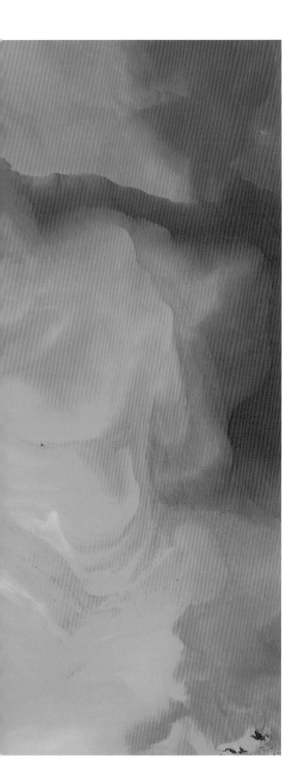

长江入海口

数据源：高分一号卫星　假彩色合成
成像时间：2021年4月19日

长江入海口是长江在东海入海口的一段水域，从江苏江阴鹅鼻嘴起，到入海口的鸡骨礁为止，平面呈喇叭形，长约232千米。作为江海交汇点，它也是中国重要的水路交通枢纽和世界航运干线，被称为"长江咽喉"。

淮河入海水道

数据源：航空遥感飞机 假彩色合成
成像时间：2021年3月

淮河入海水道位于江苏省北部、淮河下游，属于现代人工河道，是确保淮河防洪安全和改善区域引排水条件的防洪工程。图为淮河入海口附近的水道和养殖区，黑色代表水域，亮色代表金属物质、鱼塘边界等强散射物体。